U0304787

点读听书

科学探索大自然的无穷奥秘

ZIRAN BAIKE QUANSHU

自然百科全书

注音版

侯海博◎主编

图书在版编目（CIP）数据

自然百科全书：注音版 / 侯海博主编. -- 南昌：江西美术出版社, 2017.3（2021.6重印）

（少儿必读金典）

ISBN 978-7-5480-5284-5

Ⅰ. ①自… Ⅱ. ①侯… Ⅲ. ①自然科学－儿童读物 Ⅳ. ①N49

中国版本图书馆CIP数据核字(2017)第040736号

出 品 人：周建森

企　　划：北京江美长风文化传播有限公司

策　　划：侯海博

责任编辑：楚天顺　朱鲁巍　　策划编辑：朱鲁巍

责任印制：谭　勋　　封面设计：冬　凡

少儿必读金典

自然百科全书：注音版

主　　编：侯海博

出　　版：江西美术出版社

地　　址：江西省南昌市子安路 66 号

网　　址：www.jxfinearts.com

电子信箱：jxms163@163.com

电　　话：0791-86566274　010-82093785

发　　行：010-88893001

邮　　编：330025

经　　销：全国新华书店

印　　刷：三河市兴博印务有限公司

版　　次：2017 年 3 月第 1 版

印　　次：2021 年 6 月第 6 次印刷

开　　本：720mm × 1020mm　1/16

印　　张：20

ISBN 978-7-5480-5284-5

定　　价：55.00 元

前言

QIAN YAN

不论是日月星辰、山川树木，还是风云雷电、虫鱼鸟兽，都是大自然创造的神奇产物。大自然用它灵巧的双手对自然界进行精雕细刻，留下了一个个令人叹为观止的传奇！地球是怎样形成的？大陆和大洋的格局是一成不变的吗？生命是如何起源的？为什么有些生物甚至能在极地和沙漠这种极端恶劣的环境中生存下来呢？……自然界以其永恒的神秘魅力吸引着人们的好奇心，从茹毛饮血的远古洪荒到地球日渐变小的今天，人类从来没有停止过探索的脚步。

生命自出现以来，就在大自然中不断地繁衍生息，从结构最简单的病毒到结构极复杂的陆地动物，从低矮的苔藓到高达百米以上的北美海滨红杉，从只有百十微米大小的原生动物到体重达190吨的蓝鲸……自然界呈现出的不可思议的生物多样性以及生物之间、生物与环境之间复杂而又紧密的联系，都使得我们这个星球色彩斑斓而又生机盎然。探寻大自然的奇趣与奥秘，不仅可以加深孩子们对大自然的认识，还可以陶冶情操，激发他们的想象力，从而使孩子们更加热爱大自然并自觉地保护大自然。为此，我们特别编辑出版了这本《自然百科全书：注音版》以献给广大小朋友。

运动不息的地球、不断扩张的海洋、火山造就的形形色色的地貌、美丽而严酷的极地、天气与气候的由来、生生不息的生命家园……本书从神秘宇宙、地球家园、气象万千、植物王国等方面，栩栩如生地向孩子们展示了自然世界中的各种美妙事物：缤纷的四季景象、百变的天气、波澜壮阔的大地景物、神秘的远方世界……书中融合了中外自然科学各个领域研究的智慧结晶，以人类对自然界的探索精神和人文关怀贯穿其中，为孩子们展示了一幅幅丰富多彩的自然世界的神奇画面，是一本融科学性、知识性、趣味性为一体的科学普及读物。

全书体例清晰、结构严谨、内容全面，语言风格清新凝练，措辞严谨又不失生动幽默，让孩子们在充满愉悦的阅读情境中对全书内容有更深的体悟。此外，书中还配有大量精美的彩色照片、插图，结合简洁流畅的文字，将自然的风貌演绎得真实而鲜活，让孩子们不用费多大力气，就能学到不少有趣又有用的知识。同时，本书还穿插了精心设计的“知识小链接”等相关栏目，使小朋友能更全面、深入、立体地感受自然的奇趣。

在科技高度发达的现代社会，人类在改造自然的同时，也损害了自然。自然已向人类发出了警示：土地的沙漠化、生态平衡受到破坏、环境污染加剧……因此，保护环境与可持续发展已成为人类文明得以延续的必然选择。相信读完本书，小朋友将会更加了解自然界的奥妙所在，深切体会到大自然的神奇与生命的伟大，最终体悟到与自然和谐相处的益处。

目录

MULU

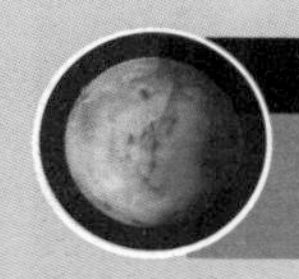

第一章

神秘宇宙

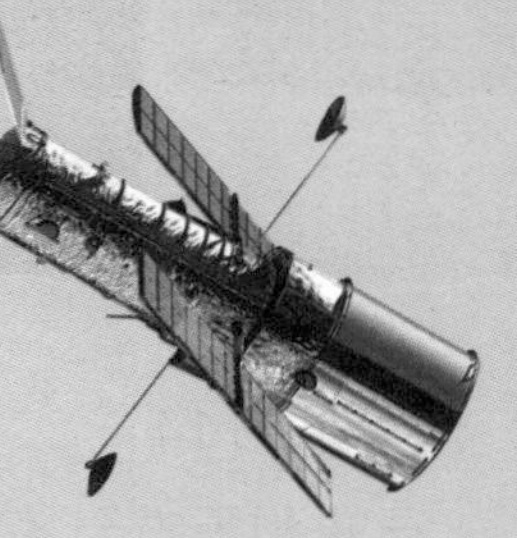

宇宙的历史 / 12
宇宙尘埃 / 16
宇宙的形状 / 17
宇宙的组成 / 18
银河系 / 20
星云 / 22
星系 / 24
星团 / 26
恒星 / 27
星座 / 29
太阳系 / 31
行星 / 32
太阳 / 34
月球 / 37
日食和月食 / 39
金星 / 40
水星 / 41
火星 / 42
木星 / 44
土星 / 46
天王星 / 48
海王星 / 50
彗星 / 52
北斗七星 / 54
极光 / 55
流星和陨石 / 56

第二章

地球家园

地球的形成 / 60
地球的结构 / 61
地球的自转与昼夜更替 / 63
地球的公转与四季 / 65
赤道和两极 / 67
大陆漂移说 / 70
海洋与四大洋 / 72
大洲 / 76
河流 / 85
山脉 / 87

瀑布 / 90
湖泊 / 92
森林 / 94
草原 / 96
平原 / 98
高原 / 100
盆地 / 102
沼泽 / 104
沙漠 / 106
溶洞 / 108
岛屿 / 110
岩石 / 112
土壤 / 114
石油和天然气 / 116
煤 / 118
地震 / 120
火山 / 122
滑坡和泥石流 / 124
海啸 / 126
山崩和雪崩 / 128
环境污染 / 130
环境保护 / 132

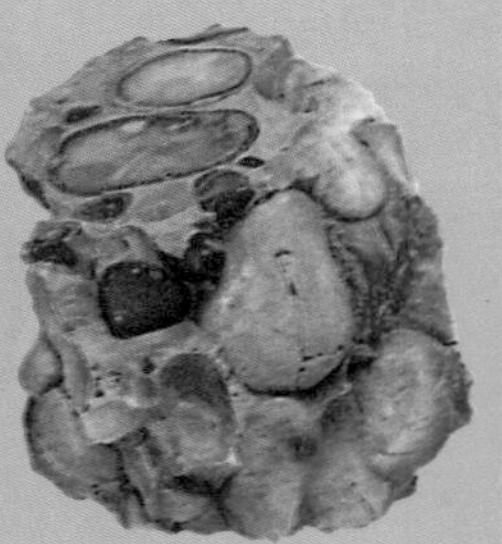

第三章 生命的诞生与微生物

化石 / 136
细胞 / 139
细菌 / 142
病毒 / 144
原生动物 / 146

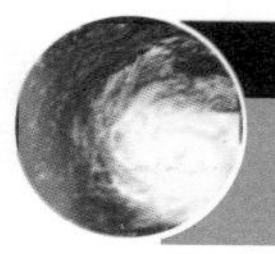

第四章 气象万千

气候 / 150
风 / 152
云 / 156
雷电 / 158
雨 / 160
雪 / 162
霜和露 / 164
雾和霾 / 166
彩虹 / 168
温度 / 170
湿度 / 172
天气预报 / 174

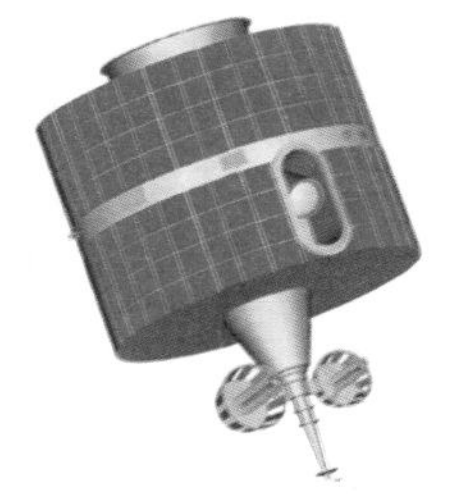

第五章 动物世界

恐龙 / 178
恐龙家族 / 180
无脊椎动物 / 183
鱼类 / 190
千奇百怪的鱼 / 192
淡水鱼 / 194
咸水鱼 / 196
哺乳动物 / 198
形形色色的哺乳动物 / 200
肉食性哺乳动物 / 204
植食性哺乳动物 / 206
海洋哺乳动物 / 208
杂食性哺乳动物 / 210
鲸目 / 212
鳍足目 / 214
海牛目 / 216
爬行动物 / 218
形形色色的爬行动物 / 220
鳄类 / 222

龟鳖类 / 224
两栖动物 / 226
形形色色的两栖动物 / 228
鸟类 / 230
形形色色的鸟 / 232
始祖鸟 / 235
走禽类 / 237
游禽类 / 239
攀禽类 / 241
鸣禽类 / 243
猛禽类 / 246
涉禽类 / 248
陆禽类 / 250
昆虫 / 252
形形色色的昆虫 / 254
益虫 / 256
害虫 / 258
鳞翅目 / 260
鞘翅目 / 262
同翅目 / 264
双翅目 / 266
直翅目 / 268
膜翅目 / 270
蜘蛛目 / 272

第六章

植物王国

菌类 / 276
藻类 / 279
苔藓 / 282
蕨类 / 284
地衣 / 286
种子植物 / 288
树木 / 292
落叶乔木 / 294
常绿乔木 / 296
灌木 / 298
千奇百怪的树木 / 300
花卉 / 302
形形色色的花卉 / 304
农作物 / 307
草 / 310
千奇百怪的草 / 312

1

第一章

SHEN MI YU ZHOU

神秘宇宙

yǔ zhòu de lì shǐ
宇宙的历史

guān yú yǔ zhòu de lì shǐ zhēn xiàng xiàn zài hái méi yǒu dìng lùn yǒu de
关于宇宙的历史真相，现在还没有定论，有的
zhǐ shì kē xué jiā gēn jù gè zhǒng lǐ lùn tí chū de shè xiǎng bú guò zhè xiē
只是科学家根据各种理论提出的设想。不过，这些
shè xiǎng dōu yǒu kē xué yī jù néng gòu bāng zhù wǒ men lái rèn shi yǔ zhòu
设想都有科学依据，能够帮助我们来认识宇宙。

yǔ zhòu de qǐ yuán
宇宙的起源

guān yú yǔ zhòu de qǐ yuán dà duō shù tiān wén xué jiā rèn
关于宇宙的起源，大多数天文学家认
wéi zài yì yì nián zhī qián suǒ yǒu de wù zhì
为，在160亿～80亿年之前，所有的物质
hé néng liàng shèn zhì tài kōng běn shēn quán dōu jí zhōng zài tóng yī
和能量，甚至太空本身，全都集中在同一
dì diǎn dāng shí kě néng fā shēng le yí cì dà bào zhà jǐ fēn
地点。当时可能发生了一次大爆炸，几分
zhōng nèi yǔ zhòu de jī běn wù zhì rú qīng hé hài kāi shǐ chū
钟内，宇宙的基本物质，如氢和氦，开始出
xiàn zhè xiē qì tǐ jù jí chéng jù dà de tiān tǐ xīng xì
现，这些气体聚集成巨大的天体——星系。

yǔ zhòu dà bào zhà lǐ lùn shì yóu měi guó kē xué jiā gā mò fū
宇宙大爆炸理论是由美国科学家伽莫夫
děng rén yú shì jì nián dài tí chū de dé dào le zhòng duō
等人于20世纪40年代提出的，得到了众多
yǔ zhòu xué yán jiū zhě de zàn tóng chéng wéi dāng jīn zuì yǒu yǐng xiǎng lì
宇宙学研究者的赞同，成为当今最有影响力
de yǔ zhòu qǐ yuán xué shuō
的宇宙起源学说。

知识小链接

乔治·伽莫夫

美国核物理学家、宇宙学家。他生于俄国，在列宁格勒大学毕业后，曾前往欧洲数所大学任教。1934 年移居美国，以倡导宇宙起源于“大爆炸”的理论闻名。

yǔ zhòu de nián líng
宇宙的年龄

suǒ wèi yǔ zhòu de nián líng jiù shì yǔ zhòu dàn shēng zhì jīn de shí jiān měi guó tiān wén xué jiā hā bó fā xiàn yǔ zhòu zì dàn shēng yǐ lái yì zhí zài jí jù péng zhàng zhe zhè jiù shǐ tiān tǐ jiān dōu zài xiāng hù tuì xíng bìng qiě qí tuì xíng de sù dù yǔ jù lí de bǐ zhí shì yí gè cháng shù zhè ge bǐ lì cháng shù jiù jiào hā bó cháng shù zhǐ yào wǒ men cè chū le tiān tǐ de tuì xíng sù dù hé jù lí jiù cè chū le hā bó cháng shù yě jiù néng gòu tuī suàn yǔ zhòu de nián líng le

所谓“宇宙的年龄”，就是宇宙诞生至今的时间。美国天文学家哈勃发现：宇宙自诞生以来一直在急剧膨胀着，这就使天体间都在相互退行，并且其退行的速度与距离的比值是一个常数。这个比例常数就叫“哈勃常数”，只要我们测出了天体的退行速度和距离，就测出了哈勃常数，也就能够推算宇宙的年龄了。

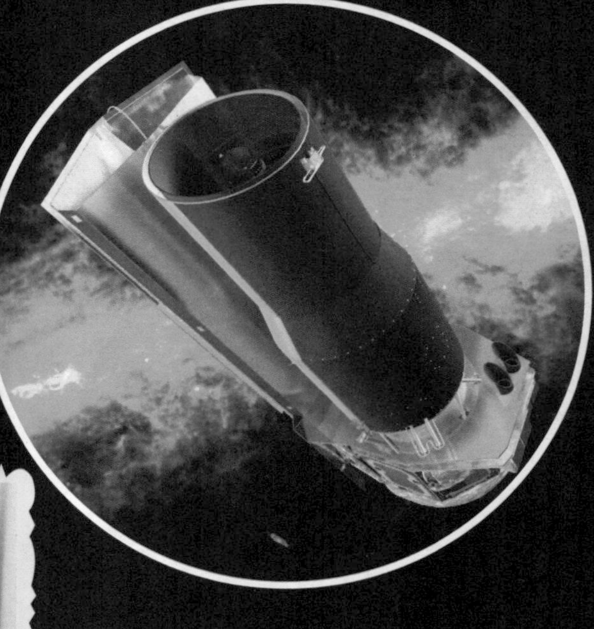

知识小链接

埃德温·哈勃

美国天文学家埃德温·哈勃（1889—1953）是研究现代宇宙理论最著名的人物之一。他发现了银河系外星系的存在及宇宙在不断膨胀，是银河外天文学的奠基人和提供宇宙膨胀理论实例证据的第一人。

kě shì bù tóng de tiān wén xué jiā dé chū de yǔ zhòu nián líng què xiāng chā shèn yuǎn
可是，不同的天文学家得出的宇宙年龄却相差甚远，
zài yì yì nián de fàn wéi nèi zhòng shuō bù yī yì bān rèn wéi yǔ zhòu
在100亿～200亿年的范围内，众说不一。一般认为宇宙
de nián líng dà yuē wéi yì nián
的年龄大约为150亿年。

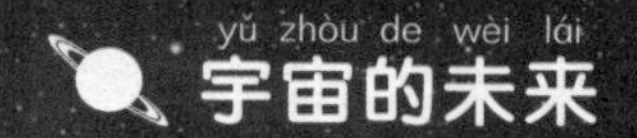

宇宙的未来

对于宇宙的未来，科学家有很多设想，主要有开放型宇宙、封闭型宇宙等。开放型宇宙理论认为，宇宙中的物质密度如达不到极限，就将一直膨胀下去；如果达到极限，将产生一个平坦而开放的宇宙。封闭型宇宙理论认为，宇宙中的物质密度超过极限就会停止膨胀并开始收缩，宇宙中所有的物质都将被黑洞吸收。

yǔ zhòu chén āi
宇宙尘埃

yǔ zhòu chén āi shì zhǐ piāo fú zài yǔ zhòu jiān de gù tǐ kē lì　　tā men dà liàng de cún zài yú wú

宇宙尘埃是指飘浮在宇宙间的固体颗粒，它们大量地存在于无

biān wú jiè de yǔ zhòu zhōng
边无界的宇宙中。

chén āi de lái yuán

尘埃的来源

yǔ zhòu chén āi de lái yuán yì zhí shì

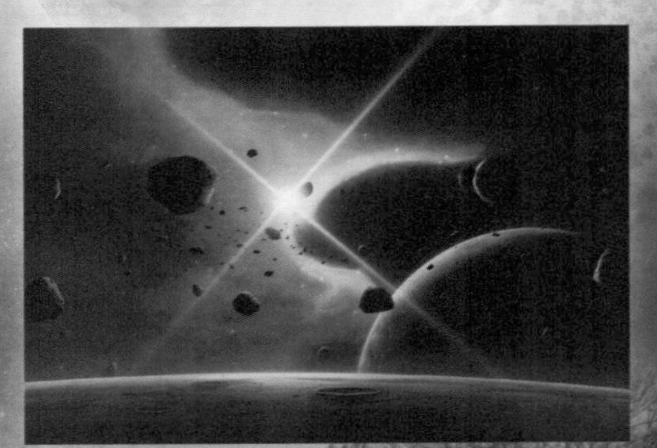

宇宙尘埃的来源一直是

yí gè nán jiě zhī mí　　yì zhǒng shuō fǎ rèn
一个难解之谜。一种说法认

wéi　　yǔ zhòu chén āi lái yuán yú wēn dù xiāng
为，宇宙尘埃来源于温度相

duì bǐ jiào dī　　rán shāo guò chéng bǐ jiào huǎn
对比较低、燃烧过程比较缓

màn de pǔ tōng héng xīng　　zhè xiē chén āi tōng
慢的普通恒星，这些尘埃通

guò tài yáng fēng bèi shì fàng chū lái　　rán hòu sàn bù dào yǔ zhòu kōng jiān zhōng qù　　rán ér
过太阳风被释放出来，然后散布到宇宙空间中去。然而，

gēn jù duì tài yáng fēng suǒ hán wù zhì mì dù de yán jiū　　yě yǒu yì xiē kē xué jiā rèn wéi tài
根据对太阳风所含物质密度的研究，也有一些科学家认为太

yáng fēng bìng bù néng gòu tí gōng yǒu zú gòu mì dù de yǔ zhòu chén āi　　yīn cǐ　　lìng yì zhǒng
阳风并不能够提供有足够密度的宇宙尘埃。因此，另一种

cāi cè rèn wéi　　zhè xiē wēi xiǎo de chén lì hěn yǒu kě néng lái zì yú chāo xīn xīng de bào fā
猜测认为，这些微小的尘粒很有可能来自于超新星的爆发。

chén āi de zuò yòng

尘埃的作用

bié kàn yǔ zhòu chén āi bù qǐ yǎnr　　què néng duì wǒ men de shēng huó chǎn shēng bù róng

别看宇宙尘埃不起眼儿，却能对我们的生活产生不容

hū shì de yǐng xiǎng　　jù tǒng jì　　yǔ zhòu chén āi shì dì qiú shang de dì sì dà chén āi lái
忽视的影响。据统计，宇宙尘埃是地球上的第四大尘埃来

yuán　　měi tiān yuē yǒu　　dūn jiàng luò dào dì qiú shang　　zhè xiē chén āi duì dì qiú de huán jìng
源，每天约有400吨降落到地球上。这些尘埃对地球的环境

yǔ qì hòu dōu zào chéng le zhòng yào de yǐng xiǎng
与气候都造成了重要的影响。

宇宙的形状

宇宙是什么形状的呢？是像地球一样的圆形，还是像银河系一样的扁平形？这同样是令人费解的一个问题，人类至今也没有定论。

扁平观

经过多年的探索，一个由多国天文学家组成的研究小组，首次向人们展示了宇宙形成初期的景象，显示出当时的宇宙大小只相当于现代宇宙的千分之一，而且温度比较高。通过再现宇宙形成初期的景象，天文学家证实了这样一种观点：宇宙的形状是扁平的，而且自形成以来一直在不断扩大。

宇宙还在不断扩大

我们的宇宙如同礼花扩散一样，正以飞快的速度向外延伸，于是星系间的空间也在不断地扩大。有位科学家曾打过这样一个比方，他说："如果把星系比作葡萄干，那么，宇宙就是一个烤着的、正在膨胀着的葡萄干面包。"意思是说，葡萄干的大小并没有变，而是面包（空间）在扩大。

宇宙的组成

宇宙是包括一切天体在内的无限空间。宇宙大得难以想象，科学家以光年（1光年是光在真空中1年内走过的路程，约等于94605亿千米）作为宇宙大小的计算单位。

星体

无边无际的宇宙

目前，科学界认为宇宙没有边界，它的空间和时间形成一个大小有限但是无边界的曲面。宇宙中的天体绚丽多彩，具有很强的层次性，可分为星系、星团、星云、恒星、行星等。

星团

星云

星系

哈勃空间望远镜

yín hé xì
银河系

wǒ men kàndào de yín hé shì yín hé xì zhōng de yí bù fen yín hé xì shì qún xīng huì cuì zhī dì
我们看到的银河是银河系中的一部分。银河系是群星荟萃之地，
qí zhōng bāo kuò wú yǐ jì shù de héng xīng yín hé xì shì yǔ zhòu zhòng duō xīng xì zhōng de yí gè
其中包括无以计数的恒星。银河系是宇宙众多星系中的一个。

yín hé xì de dà xiǎo
银河系的大小

yín hé xì bǐ tài yáng xì dà de duō tā lǐ miàn de héng xīng shù mù duō dá qiān yì kē tài yáng yě zài qí zhōng ér tài yáng zhǐ shì yín hé xì zhōng yì kē wēi bù zú dào de héng xīng yín hé xì shì yí gè zhōng jiān hòu biān yuán báo de biǎn píng pán zhuàng tǐ yín pán de zhí jìng yuē wàn guāng nián zhōng yāng hòu yuē wàn guāng nián tài yáng xì jū yú yín hé xì biān yuán jù yín hé xì zhōng xīn yuē wàn guāng nián
银河系比太阳系大得多，它里面的恒星数目多达千亿颗，太阳也在其中，而太阳只是银河系中一颗微不足道的恒星。银河系是一个中间厚、边缘薄的扁平盘状体，银盘的直径约8万光年，中央厚约1万光年。太阳系居于银河系边缘，距银河系中心约3万光年。

银河系侧视图

银河系俯视图

银河系中有多少星球能生存生命

银河系中有许多星球，其中到底有多少能生存生命呢？我们一起分析一下：能生存生命的星球寿命要长，足以使生物进化；温度范围也要相当广；附近要有一个类似太阳的黄色、至少是橙色的星，其周围要有约10颗行星，其中3颗还要在适当的范围内，还要有水和空气……

尽管如此，我们计算一下，也会有不少吧。

星云

星云是由星际空间的气体和尘埃结合成的云雾状天体。星云里的物质密度是很低的，若拿地球上的标准来衡量的话，有些地方是真空的。可是星云的体积十分庞大，直径可达几十光年。所以，一般星云比太阳要重得多。

玫瑰星云

蝴蝶星云

星云的发现

1758年8月28日晚，一位名叫梅西耶的法国天文学家在巡天搜索彗星的观测中，突然发现一个在恒星间没有位置变化的云雾状斑块。梅西耶根据经验判断，这块斑形态类似彗星，但它在恒星之间没有位置变化，显然不是彗星。这是什么天体呢？后来，英国天文学家威廉·赫歇尔经过长期观察核实，将这些云雾状的天体命名为星云。

女巫头星云

星云的分类

星云可分为发射星云、反射星云和暗星云。

发射星云是受到附近高温恒星的激发而发光的，这些恒星所发出的紫外线会电离星云内的氢气，令它们发光。

夏普勒斯星云

反射星云是靠反射附近恒星的光线而发光的，呈蓝色。

如果星云附近没有亮星，则将是黑暗的，即暗星云。暗星云由于既不发光，也没有光供它反射，但是将吸收和散射来自它后面的光线，因此可以在恒星密集的星系中被发现（比如马头星云）。

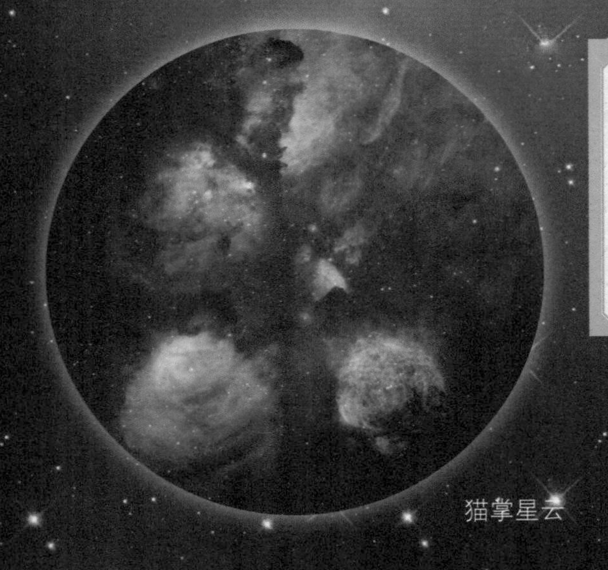

猫掌星云

知识小链接

查尔斯·梅西耶

查尔斯·梅西耶是法国天文学家，他率先给星云、星团和星系编上了号码，并制作了系统的星云星团列表，即“梅西耶星云星团列表”。

xīng xì
星系

xīng xì shì yóu wú shù kē héng xīng hé xīng jì wù zhì gòu chéng de páng dà de tiān tǐ xì tǒng yòu
星系是由无数颗恒星和星际物质构成的庞大的天体系统。又
bèi chēng wéi héng xīng xì shì yǔ zhòu zhōng páng dà de xīng xing de dǎo yǔ yě shì yǔ zhòu zhōng
被称为恒星系，是宇宙中庞大的星星的“岛屿”，也是宇宙中
zuì měi lì de tiān tǐ xì tǒng cóng shì jì chū yǐ lái tiān wén xué jiā zài yǔ zhòu zhōng fā xiàn le yuē
最美丽的天体系统。从20世纪初以来，天文学家在宇宙中发现了约
yì gè xīng xì
10亿个星系。

xīng xì de chǎn shēng
星系的产生

guān yú xīng xì de chǎn shēng yì zhǒng xué shuō rèn wéi xīng xì shì zài yǔ zhòu dà bào zhà zhōng xíng chéng de ér lìng yí gè xué shuō rèn wéi xīng xì shì yóu yǔ zhòu zhōng de wēi chén xíng chéng de
关于星系的产生，一种学说认为，星系是在宇宙大爆炸中形成的；而另一个学说认为，星系是由宇宙中的微尘形成的。

xīng xì de fēn lèi
星系的分类

wài xíng bù guī zé méi yǒu míng xiǎn de hé hé xuán bì
外形不规则，没有明显的核和旋臂，

伴星系

主星系

棒旋星系

méi yǒu pán zhuàng duì chèn jié gòu huò zhě kàn bu chū yǒu xuán zhuàn duì chèn xìng
没有盘状对称结构或者看不出有旋转对称性

de xīng xì bèi chēng wéi bù guī zé xīng xì
的星系被称为不规则星系。

xuán wō xīng xì jiù xiàng shuǐ zhōng de xuán wō yí yàng yì

旋涡星系就像水中的旋涡一样，一

bān shì cóng hé xīn bù fen luó xuán shì de shēn zhǎn chū jǐ tiáo xuán
般是从核心部分螺旋式地伸展出几条旋

bì xíng chéng xuán wō xíng tài hé jié gòu
臂，形成旋涡形态和结构。

tuǒ yuán xīng xì hé tā de míng zi yí yàng wài xíng chéng

椭圆星系和它的名字一样，外形呈

zhèng yuán xíng huò tuǒ yuán xíng zhōng xīn liàng biān yuán jiàn àn
正圆形或椭圆形，中心亮，边缘渐暗。

bàng xuán xīng xì de zhǔ tǐ xiàng yì tiáo cháng cháng de gùn bàng bàng de liǎng duān yǒu

棒旋星系的主体像一条长长的棍棒，棒的两端，有向不同方向伸展的旋臂。这类星系有的很像旋涡星系，

yǒu de zé hé bù guī zé xīng xì zhǎng de hěn xiàng
有的则和不规则星系长得很像。

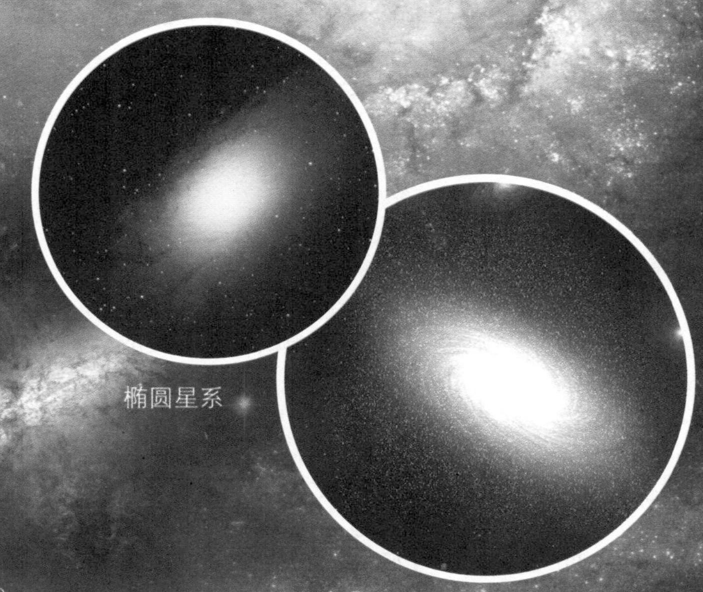

椭圆星系

不规则星系 M82

旋涡星系

xīng tuán
星团

星团是指恒星数目超过10颗以上，并且相互之间存在引力作用的星群。星团按形态和成员星的数量等特征分为两类：疏散星团和球状星团。

shū sàn xīng tuán

疏散星团

由十几颗到几千颗恒星组成的、结构松散、形状不规则的星团被称为疏散星团。

璀璨的杜鹃座球状星团

疏散星团的直径大多在3～30光年范围内，有些疏散星团很年轻，与星云在一起（例如昴星团），有的甚至还在形成恒星。

球状星团

由几万颗到上百万颗恒星组成、整体像球形、中心密集的星团被称为球状星团。球状星团呈球形或扁球形，与疏散星团相比，它们是紧密的恒星集团。这类星团包含大量恒星，成员星的平均质量比太阳略小。用望远镜观测，在星团的中央，恒星非常密集，不能将它们分开。

héng xīng
恒星

恒星爆炸

héng xīng shì zhǐ zì jǐ huì fā guāng qiě
恒星是指自己会发光，且
wèi zhì xiāng duì wěn dìng de xīng tǐ shì yǔ zhòu
位置相对稳定的星体，是宇宙
zhōng zuì jī běn de chéng yuán gǔ rén yǐ wéi héng
中最基本的成员。古人以为恒
xīng de xiāng duì wèi zhì shì bú biàn de qí shí héngxīng bú dàn
星的相对位置是不变的，其实，恒星不但
zì zhuàn ér qiě dōu yǐ gè zì de sù dù zài fēi bēn zhǐ shì yóu yú xiāng jù tài yuǎn rén men bú yì jué
自转，而且都以各自的速度在飞奔，只是由于相距太远，人们不易觉
chá ér yǐ
察而已。

héng xīng de chéng fèn
恒星的成分

héng xīng shì yóu dà tuán chén āi hé qì tǐ zǔ chéng de xīng yún níng jù shōu suō ér chéng
恒星是由大团尘埃和气体组成的星云凝聚收缩而成
de qí zhǔ yào chéng fèn shì qīng qí cì shì hài zài héng xīng nèi bù měi shí měi kè
的，其主要成分是氢，其次是氦。在恒星内部，每时每刻
dōu yǒu xǔ duō qīng dàn zài bào zhà shǐ héng xīng xiàng yí gè chì rè de qì tǐ dà huǒ
都有许多“氢弹”在爆炸，使恒星像一个炽热的气体大火
qiú cháng qī bú duàn de fā guāng fā rè bìng qiě yuè wǎng nèi bù wēn dù yuè gāo
球，长期不断地发光发热，并且，越往内部，温度越高。
héng xīng biǎo miàn de wēn dù jué dìng le héng xīng de yán sè
恒星表面的温度决定了恒星的颜色。

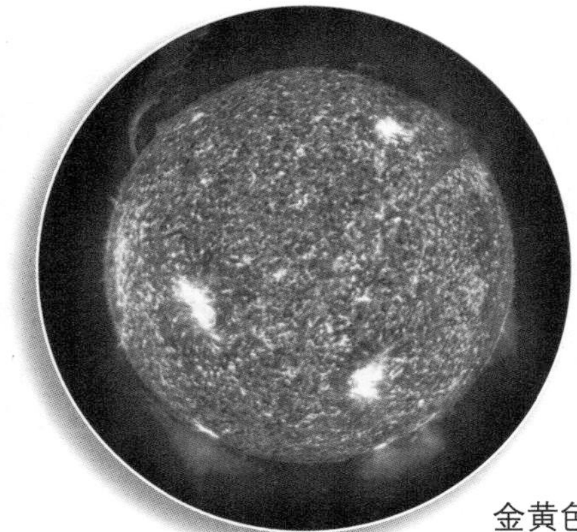
金黄色的恒星

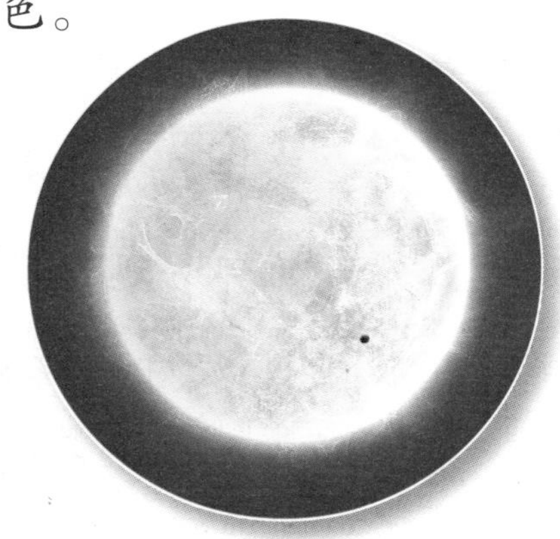
白色的恒星

héngxīng de miè wáng
恒星的灭亡

wǒ men yǐ tài yáng wéi lì lái shuōmíng xiàn zài tài yáng de nián
我们以太阳为例来说明。现在太阳的年
líng yuē wéi yì nián gū jì hái néng wěn dìng de rán shāo yì nián ér hòu tài yáng
龄约为46亿年，估计还能稳定地燃烧50亿年，而后太阳
kě néng huì tū rán péngzhàng qǐ lái biànchéng yí gè dà huǒ qiú suǒ yǒu shēngmìng dōu jiāng
可能会突然膨胀起来，变成一个大火球，所有生命都将
huǐ miè zhè shí tài yáng jìn rù wǎnnián jiē duàn zhú jiàn biànchéng jù xīng chāo jù xīng
毁灭。这时太阳进入晚年阶段，逐渐变成巨星、超巨星。

chāo jù xīng shí ér péng zhàng shí ér shōu suō dāng nèi bù rán liào hào jìn shí jiāng huì
超巨星时而膨胀，时而收缩，当内部燃料耗尽时将会
bào zhà yú shì yì kē běn lái hěn àn de héngxīng huì tū rán chéng wéi yì cháng yào yǎn
爆炸。于是，一颗本来很暗的恒星，会突然成为异常耀眼
de chāo xīn xīng
的超新星。

chāo xīn xīng bào zhà hòu héngxīng chè dǐ jiě tǐ dà bù fen wù zhì huà wéi yún yān hé
超新星爆炸后，恒星彻底解体，大部分物质化为云烟和
suì piàn shèng xià de bù fen xùn sù shōu suō wéi zhōng zǐ xīng bái ǎi xīng huò hēi dòng bái
碎片，剩下的部分迅速收缩为中子星、白矮星或黑洞。白
ǎi xīng zài shōu suō guò chéng zhōng shì fàng chū dà liàng néng liàng ér bái rè huà fā chū bái
矮星在收缩过程中，释放出大量能量而白热化，发出白
guāng rán hòu zhú jiàn lěng què biàn àn zuì zhōng biàn chéng tǐ jī gèng xiǎo mì dù gèng
光，然后逐渐冷却、变暗，最终变成体积更小、密度更
dà wánquán bù néng fā guāng de hēi ǎi xīng
大、完全不能发光的黑矮星。

xīng zuò
星座

xīng zuò shì zhǐ tiān shang yì qún zài tiān qiú shang tóu yǐng wèi zhì xiāng jìn de héng xīng de zǔ
星座是指天上一群在天球上投影位置相近的恒星的组
hé bù tóng wén míng bù tóng lì shǐ shí qī duì xīng zuò de huà fēn kě néng bù tóng xiàn dài xīng zuò dà
合。不同文明、不同历史时期对星座的划分可能不同。现代星座大
duō yóu gǔ xī là chuán tǒng xīng zuò yǎn huà ér lái nián yóu guó jì tiān wén xué lián hé huì bǎ
多由古希腊传统星座演化而来。1928年，由国际天文学联合会把
quán bù tiān kōng jīng què huà fēn wéi gè xīng zuò
全部天空精确划分为88个星座。

xīng zuò de mìng míng
星座的命名

仙后座

xīng xing yǒu de jù lí wǒ men jìn yǒu de jù lí wǒ men
星星有的距离我们近，有的距离我们
yuǎn wèi zhì gè bù yí yàng xīng xing de pái liè yě chéng xiàn
远，位置各不一样。星星的排列也呈现
chū gè zhǒng gè yàng de xíng zhuàng zì gǔ yǐ lái rén men duì
出各种各样的形状。自古以来，人们对
cǐ hěn gǎn xìng qù hěn zì rán de bǎ yì xiē wèi zhì xiāng jìn de
此很感兴趣，很自然地把一些位置相近的
xīng lián xì qǐ lái chēng wéi xīng zuò
星联系起来，称为星座。

xīng zuò de míng chēng yǒu de qǔ zì gǔ dài shén huà
星座的名称，有的取自古代神话
zhōng de rén wù rú xiān nǚ xīng zuò xiān hòu xīng zuò děng yǒu de shì jiāng xīng zuò zhōng
中的人物，如仙女星座、仙后星座等；有的是将星座中
zhǔ yào xīng tǐ de pái liè lún kuò xiǎng xiàng chéng gè zhǒng qì wù huò dòng wù xíng xiàng ér mìng míng
主要星体的排列轮廓想象成各种器物或动物形象而命名
de rú chuán fān xīng zuò tiān é xīng zuò děng
的，如船帆星座、天鹅星座等。

黄道十二星座

知识小链接

黄道十二星座

从地球上看，太阳一年都穿行在星星之间。太阳穿行的路线就被称为“黄道”。一年内有十二个星座在黄道上，故被称作“黄道十二星座”。黄道十二星座是最早被定名的星座。

黄道

地球绕太阳公转1周需要1年。在阳光照射的白天，只要不是日全食的日子，就看不见其背景的星座。但是，如果观察黎明时出现在东方的星座，黄昏时出现在西方的星座，就可以知道，太阳是以什么星座的星星为背景而发光的。地球因公转变换了位置，看上去就好像太阳在星空向东运行，花费1年时间在星座之间转了1周，这条路线就是黄道。

地球轨道

黄道十二星座

知识小链接

黄道十二星座

从地球上看，太阳一年都穿行在星星之间。太阳穿行的路线就称为"黄道"。一年内有十二个星座在黄道上，故被称作"黄道十二星座"。黄道十二星座是最早被定名的星座。

huáng dào
黄道

dì qiú rào tài yáng gōng zhuàn　zhōu xū yào　nián　zài yáng guāng zhào shè de bái
地球绕太阳公转1周需要1年。在阳光照射的白
tiān　zhǐ yào bú shì rì quán shí de rì zi　jiù kàn bu jiàn qí bèi jǐng de xīng zuò　dàn
天，只要不是日全食的日子，就看不见其背景的星座。但
shì　rú guǒ guān chá lí míng shí chū xiàn zài dōng fāng de xīng zuò　huáng hūn shí chū xiàn zài xī
是，如果观察黎明时出现在东方的星座，黄昏时出现在西
fāng de xīng zuò　jiù kě yǐ zhī dào　tài yáng shì yǐ shén me xīng zuò de xīng xing wéi bèi jǐng ér
方的星座，就可以知道，太阳是以什么星座的星星为背景而
fā guāng de　dì qiú yīn gōng zhuàn biàn huàn le wèi zhì　kàn shàng qù jiù hǎo xiàng tài yáng zài
发光的。地球因公转变换了位置，看上去就好像太阳在
xīng kōng xiàng dōng yùn xíng　huā fèi　nián shí jiān zài xīng zuò zhī jiān zhuàn le　zhōu　zhè tiáo
星空向东运行，花费1年时间在星座之间转了1周，这条
lù xiàn jiù shì huáng dào
路线就是黄道。

太阳系

太阳系是由太阳、八大行星及其卫星、小行星、彗星、流星等构成的天体系统。太阳是太阳系的中心，小行星是太阳系小天体中最主要的成员。

星云说

星云说是关于太阳系起源于原始星云的各种假说的总称。假说主要分两种，一种认为太阳和行星、卫星等天体都产生于同一星云，而且是同时产生的，这种假说叫“共同形成说”；另一种认为太阳先由一团星云生成，然后通过俘获周围弥漫的物质形成行星云，继而行星、卫星等其他天体才产生，这种假说叫“俘获说”。

> 知识小链接
>
> **为什么星星多是圆的**
>
> 如果不受外力的作用，一切物体在万有引力的作用下都有向中心聚集的趋势。最集中的结果就是圆球形。星星虽然表面上是固体的，但是固体也是有变形性的，并且固体碎颗粒是可以移动的，这些都使星星向球形转变成为可能。

行星

行星通常指自身不发光、环绕着恒星运动的天体。其公转方向常与所绕恒星的自转方向相同。一般来说，行星需具有一定质量，行星质量足够大且近似于圆球状，自身不能像恒星那样发生核聚变反应。

小行星

小行星是太阳系内类似行星环绕太阳运动，但体积和质量比行星小得多的天体。它们大都是不规则的形状，主要原因有两个：第一，引力不够，无法让它们成为球体。第二，小行星没有正规轨道，它的移动可能会造成撞击。比较著名的小行星有谷神星、爱神星、智神星、灶神星等。

卫星

卫星是指围绕一颗行星按一定轨道做周期性运行的天然天体或人造天体，很多行星都有自己的天然卫星。月球是很典型的天然卫星。人造卫星是由人类制造的类似天然卫星的装置。

知识小链接

最早挂在天上的五大卫星

第一颗人造卫星是苏联制造的，第二颗是美国的“探险者”1号，第三颗是法国的试验卫星1号，第四颗是日本的“大隅”号卫星，第五颗是中国的“东方红”1号。

太阳

太阳是太阳系的中心天体，是距离地球最近的一颗恒星。

太阳的概说

太阳的质量约为地球的33万倍，体积约为地球的130万倍，直径约为地球的109倍。但在恒星的世界里，太阳其实很普通。

太阳是一个炽热的气体球，表面温度约6000℃，内部温度约1500万℃。其主要成分是氢和氦（氢约占总质量的71%，氦约占27%），还有少量碳、氧、氮、铁、硅、镁、硫等。太阳内部从里向外，由核反应区、辐射区和对流区三个层次组成。太阳表层被习惯性称为“太阳大气层”，由里向

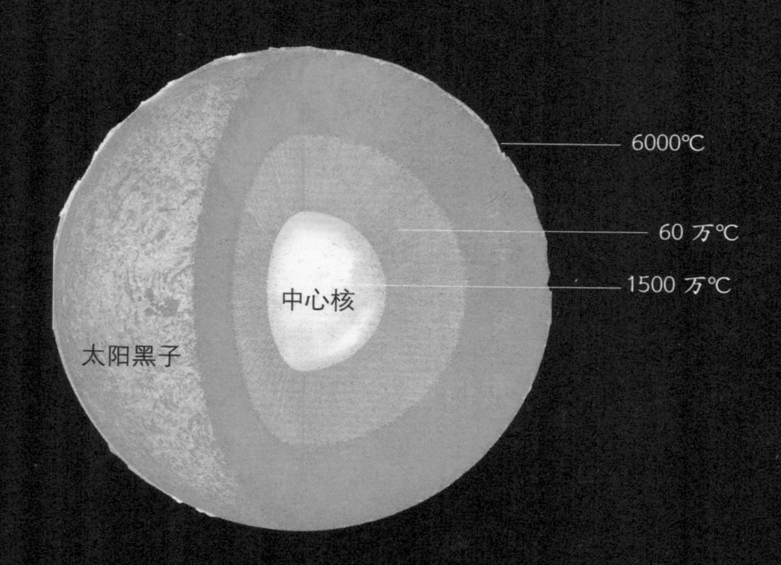

6000℃

60 万℃

1500 万℃

中心核

wài　　　　tā yòu fēn wéi guāng qiú　　　sè qiú hé　rì miǎn sān céng
外，它又分为光球、色球和日冕三层。

tài yáng yě　zì zhuàn　　zì zhuàn zhōu qī　zài　rì miàn chì dào dài yuē

太阳也自转，自转周期在日面赤道带约

wéi　　　tiān　　yuè kào jìn liǎng jí yuè cháng　zài liǎng jí　qū yuē wéi　　tiān
为 25 天，越靠近两极越长，在两极区约为 35 天。

tài yáng hēi zǐ

太阳黑子

tài yáng hēi zǐ　　　　　　　　　shì zài tài yáng de guāng qiú céng shang chū xiàn de

太阳黑子（sunspot）是在太阳的光球层上出现的

àn bān diǎn　　tài yáng hēi zǐ de chū xiàn shì tài yáng huó dòng zhōng zuì　jī běn　　zuì míng xiǎn
暗斑点，太阳黑子的出现是太阳活动中最基本、最明显

de　　yì bān rèn wéi　　tài yáng hēi zǐ shí jì shàng shì tài yáng biǎo miàn yì zhǒng chì rè
的。一般认为，太阳黑子实际上是太阳表面一种炽热

qì tǐ de jù dà xuán wō　　wēn dù wéi　　　　　　　　　　　　　yīn wèi qí wēn dù
气体的巨大旋涡，温度为 3000℃～4500℃。因为其温度

bǐ　tài yáng de guāng qiú céng biǎo miàn wēn dù yào dī　　　　　　　　　guāng qiú
比太阳的光球层表面温度要低 1000℃～2000℃（光球

céng biǎo miàn wēn dù yuē wéi　　　　　　suǒ yǐ kàn shàng qù xiàng yì　xiē shēn àn sè
层表面温度约为 6000℃），所以看上去像一些深暗色

de bān diǎn
的斑点。

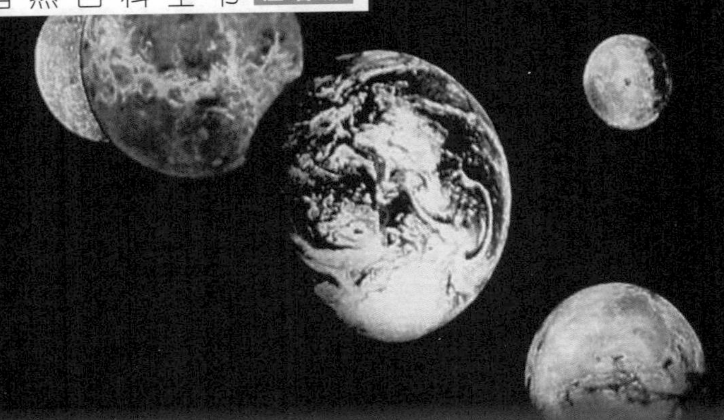

太阳系八大行星

太阳系中有八大行星，它们是：表面凹凸不平的水星，明亮美丽的金星，人类的家园——地球，太空中的“地球”——火星，体形最大的木星，身着彩环的土星，躺着自转的天王星，“算”出来的海王星。其中，水星、金星、地球、火星是类地行星，其他几个是类木行星。

类地行星是以硅酸盐石作为主要成分的行星，它们的表面一般都有峡谷、陨石坑、山和火山。

类木行星主要是由氢、氦和冰等组成，不一定有固体的表面。

月球

月球，又名月亮，是环绕地球运行的唯一一颗天然卫星，也是离地球最近的天体（与地球之间的距离大约是384402千米）

月球

月球的概况

月球的年龄大约有46亿年，直径约为地球的1/4，体积只有地球的1/49，质量约为地球的1/81.3，月球表面的重力约是地球重力的1/6。月球是人类迄今为止唯一登上过的天体。

知识小链接

月球上为何没有空气

月球上之所以没有空气是因为它的重力太小。因为重力的作用，你站在地面向上投掷东西，东西很快就会落回地面上。投掷的速度越快，力量越大，东西飞得就越高。由于月球重力极小，所以，在月球刚刚诞生的时候，即使从岩石缝里渗出了一些空气，这些空气也早就跑光了。

人类首次登月的发现

1969年7月20日，美国“阿波罗”11号宇宙飞船在月球表面着陆，阿姆斯特朗首先踏上月球。宇航员发现，由于月球上没有大气，所以仰望太阳时，比在地球上看它明亮几百倍。由于没有大气的散射光，即使在白天，月球的天空也是漆黑一片，繁星既明亮又不闪烁，极其美丽。因为月球上没有能调节气温的大气和海洋，昼夜温度变化极大。在月球赤道处，中午气温高达127℃，黎明前则下降到-183℃。

登陆月球

rì shí hé yuè shí
日食和月食

rì shí yuè shí fā shēng zài tài yáng yuè liang hé dì qiú chǔ yú tóng yī zhí xiàn shang shí

日食、月食发生在太阳、月亮和地球处于同一直线上时。

日食概念图

日食、月食的概念
rì shí yuè shí de gài niàn

dāng yuè liang wèi yú tài yáng hé dì qiú zhī jiān shí yuè

当月亮位于太阳和地球之间时，月

liang jiù huì zhē zhù tài yáng zhè shí tài yáng kàn shàng qù jiù xiàng
亮就会遮住太阳，这时太阳看上去就像

què le yí bù fen cóng ér xíngchéng rì shí dāng dì qiú xíng zhì
缺了一部分，从而形成日食。当地球行至

tài yáng yǔ yuèliang zhī jiān shí yuèliang zé jìn rù dì qiú de yīn
太阳与月亮之间时，月亮则进入地球的阴

yǐng zhī zhōng àn rán shī sè jiù chū xiàn le yuè shí rì shí
影之中，黯然失色，就出现了月食。日食

zhǔ yào fēn wéi rì quán shí rì piān shí rì huán shí yuè shí
主要分为日全食、日偏食、日环食，月食

zhǔ yào fēn wéi yuè quán shí yuè piān shí
主要分为月全食、月偏食。

日环食

日全食

金星

金星有很多名字：启明星、长庚星等。它是肉眼能看到的天空中除太阳和月亮以外最亮的星体，所以又叫“太白金星”。

jīn xīng de gài shuō

金星的概说

金星的体积、质量都和地球相近。它也有大气层，靠反射太阳光发亮。金星的大气中有一层又热又浓又厚的硫酸雨滴和硫酸雾云层。大气的主要成分是二氧化碳，占97%。

探测器拍摄的金星照片

金星表面的大气压力为90个标准大气压，相当于地球上海洋1千米深处的压力。金星地面温度约480℃。

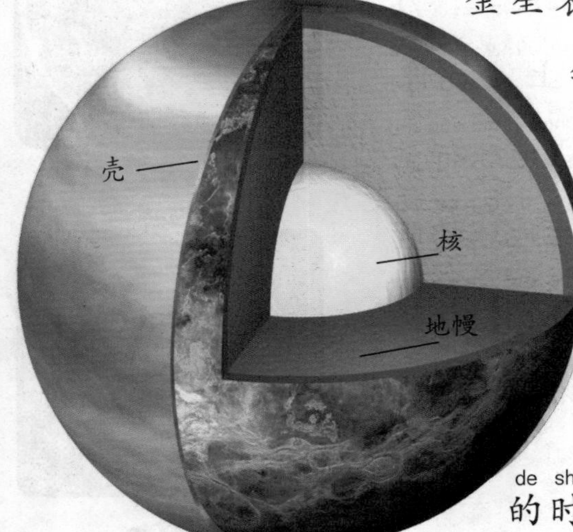

金星结构图

公转和自转

金星绕太阳公转1周的时间相当于地球上的225天，自转周期为243天。

水星

水星是距太阳最近的行星，也是八大行星中最小的行星，但仍比月球大约1/3。水星是太阳系中运动最快的行星，它绕太阳1周的周期为88天。

表面温差大

由于距离太阳近，所以在水星上看到的太阳的大小，是地球上看到的2～3倍，光线也增强10倍左右。水星向着太阳的一面温度可达400℃。由于水星引力小，表面温度高，很难保持住大气，缺乏大气致使背向太阳的一面温度可降至-160℃。

水星表面坑坑洼洼

表面坑洼多

水星常与接近太阳的陨星及来自太阳的微粒相撞，所以表面粗糙不堪。水星只能于傍晚或黎明在稍有亮度的低空才能看到，在大城市则很难看见。

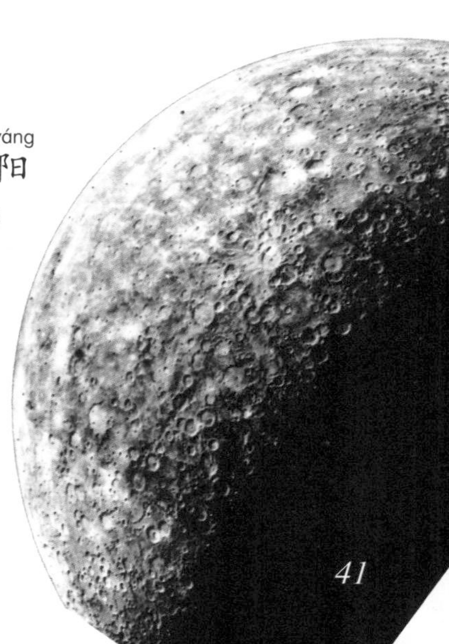

美国“水手”10号宇宙探测器拍摄的水星照片，其表面有环形山，与月面相似

huǒ xīng
火星

huǒ xīng shì dì qiú de jìn lín　yòng ròu yǎn

火星是地球的近邻。用肉眼

guān chá　　tā de wài biǎo yíng yíng rú huǒ　liàng
观察，它的外表荧荧如火，亮

dù　wèi zhì cháng biàn huà　　yīn cǐ wǒ guó gǔ dài chēng
度、位置常变化，因此我国古代称

tā wéi　　yíng huò　　rèn wéi tā shì bù jí lì de xīng
它为“荧惑”，认为它是不吉利的星。

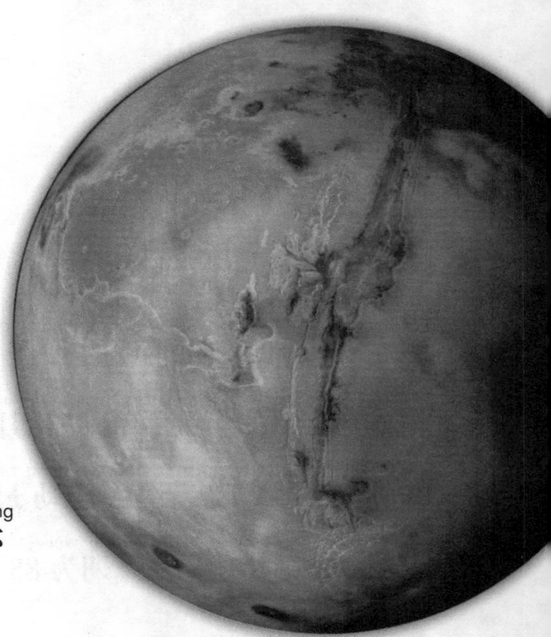

火星

壳
幔
核

火星结构图

huǒ xīng de gài shuō

火星的概说

huǒ xīng shang yě yǒu sì jì jí bái tiān hēi yè

火星上也有四季及白天黑夜

de gēng tì biàn huà　　tā de zì zhuàn zhōu qī yǔ
的更替变化；它的自转周期与

dì qiú xiāng jìn　wéi　　shí　fēn　zài huǒ
地球相近，为24时37分；在火

xīng shang kàn dào de tài yáng yě shì dōng shēng xī luò
星上看到的太阳也是东升西落

de　dàn shì　　huǒ xīng gōng zhuàn　nián de shí jiān xiāng dāng
的。但是，火星公转1年的时间相当

yú dì qiú shang de　　　tiān　huǒ xīng bái tiān zuì gāo wēn dù kě
于地球上的687天。火星白天最高温度可

dá　　　　ér yè jiān kě jiàng dào　　　　zuǒ yòu　tā de zhí jìng yuē wéi dì qiú de bàn
达28℃，而夜间可降到-132℃左右。它的直径约为地球的半

jìng nà me cháng　tǐ jī zhǐ yǒu dì qiú de　　　　zhì liàng yě zhǐ yǒu dì qiú de
径那么长，体积只有地球的15%，质量也只有地球的11%。

火星的地形特征

huǒ xīng jī běn shàng shì shā mò xíng xīng　dì biǎo shā qiū　lì shí biàn bù　shā chén

火星基本上是沙漠行星，地表沙丘、砾石遍布，沙尘

xuán fú qí zhōng　měi nián cháng yǒu shā chén bào fā shēng　yǔ dì qiú xiāng bǐ　huǒ xīng dì zhì
悬浮其中，每年常有沙尘暴发生。与地球相比，火星地质

huó dòng bù huó yuè　dì biǎo dì mào dà bù fen shì yuǎn gǔ jiào huó yuè de shí qī xíng chéng de　yǒu mì bù de yǔn shí kēng　huǒ shān yǔ xiá gǔ　lìng yí gè dú tè de dì xíng tè zhēng shì nán běi bàn qiú de míng xiǎn chā bié　nán fāng shì gǔ lǎo　chōng mǎn yǔn shí kēng de gāo dì　běi fāng zé shì jiào nián qīng de píng yuán

活动不活跃，地表地貌大部分是远古较活跃的时期形成的，有密布的陨石坑、火山与峡谷。另一个独特的地形特征是南北半球的明显差别：南方是古老、充满陨石坑的高地，北方则是较年轻的平原。

shuǐ de cún zài
水的存在

zài huǒ xīng biǎo miàn de dī yā xià　shuǐ wú fǎ yǐ yè tài cún zài　zhǐ zài dī hǎi bá qū kě duǎn zàn cún zài　ér huǒ xīng shang bīng dào shì hěn duō　rú liǎng jí bīng guān jiù bāo hán dà liàng de bīng　nián　yuè　měi guó háng kōng háng tiān jú jiù shēng chēng　nán jí guān de bīng jiǎ rú quán bù róng huà　kě fù gài zhěng gè xīng qiú dá　mǐ shēn　lìng wài　dì xià de shuǐ bīng yǒng dòng tǔ kě yóu jí qū yán shēn zhì wěi dù yuē　dù de dì fang

在火星表面的低压下，水无法以液态存在，只在低海拔区可短暂存在。而火星上冰倒是很多，如两极冰冠就包含大量的冰。2007年3月，美国航空航天局就声称，南极冠的冰假如全部融化，可覆盖整个星球达11米深。另外，地下的水冰永冻土可由极区延伸至纬度约60度的地方。

木星

mù xīng shì tài yáng xì bā dà xíng xíng zhōng zuì dà de yí gè tā néng zhuāng xià duō

木星是太阳系八大行星中最大的一个，它能装下1300多
gè dì qiú tài yáng xì lǐ suǒ yǒu de xíng xíng wèi xīng xiǎo xíng xíng děng dà dà xiǎo xiǎo de tiān tǐ
个地球，太阳系里所有的行星、卫星、小行星等大大小小的天体
jiā zài yì qǐ yě méi yǒu mù xīng de fèn liàng zhòng
加在一起，也没有木星的分量重。

木星的概说
mù xīng de gài shuō

mù xīng zì zhuàn zhōu wéi shí fēn shì bā dà xíng xíng

木星自转1周为9时50分，是八大行星
zhōng zì zhuàn zuì kuài de tā chéng míng xiǎn de biǎn qiú zhuàng
中自转最快的。它呈明显的扁球状，
qí chì dào fù jìn yǒu yì tiáo tiáo míng àn xiāng jiàn de tiáo wén
其赤道附近有一条条明暗相间的条纹，
chéng huáng lǜ sè hé hóng hè sè nà jiù shì mù xīng dà qì
呈黄绿色和红褐色，那就是木星大气
zhōng de yún dài yún dài bǎ mù xīng jǐn jǐn de guǒ zhù
中的云带。云带把木星紧紧地裹住，
shǐ wǒ men wú fǎ zhí jiē kàn dào tā de biǎo miàn
使我们无法直接看到它的表面。

木星的大气层
mù xīng de dà qì céng

yóu yú mù xīng kuài sù de zì zhuàn mù xīng de dà qì xiǎn

由于木星快速的自转，木星的大气显
de fēi cháng jiāo zào bù ān
得非常“焦躁不安”。
mù xīng de dà qì fēi cháng fù zá duō
木星的大气非常复杂多
biàn mù xīng yún céng de tú àn měi shí měi
变，木星云层的图案每时每
kè dōu zài biàn huà wǒ men zài mù xīng biǎo miàn kě yǐ
刻都在变化。我们在木星表面可以
kàn dào dà dà xiǎo xiǎo de fēng bào qí zhōng zuì zhù
看到大大小小的风暴，其中最著

木星大红斑

míng de fēng bào shì　dà hóng bān　zhè ge jù dà de fēng bào yǐ jīng zài mù xīng dà qì céng
名的风暴是“大红斑”，这个巨大的风暴已经在木星大气层

zhōng cún zài le jǐ bǎi nián　dà hóng bān yǒu　gè dì qiú nà me dà　qí wài wéi de yún
中存在了几百年。大红斑有3个地球那么大，其外围的云

xì měi　tiān jí yùn dòng　zhōu　fēng bào zhōng yāng de yún xì yùn dòng sù dù shāo màn
系每4～6天即运动1周，风暴中央的云系运动速度稍慢

qiě fāng xiàng bú dìng
且方向不定。

木星的卫星
mù xīng de wèi xīng

mù xīng shì rén lèi qì jīn wéi zhǐ fā xiàn de tiān rán wèi xīng zuì duō de xíng xīng　mù qián

木星是人类迄今为止发现的天然卫星最多的行星，目前

yǐ fā xiàn　duō kē wèi xīng　qí zhōng yǒu　gè zhǔ yào wèi xīng shì zài　nián yóu jiā
已发现60多颗卫星。其中有4个主要卫星是在1610年由伽

lì lüè fā xiàn de　hé chēng jiā lì lüè wèi xīng　wèi xīng zhōng tǐ jī zuì dà de mù wèi sān
利略发现的，合称伽利略卫星。卫星中体积最大的木卫三

de zhí jìng shèn zhì dà yú shuǐ xīng de zhí jìng
的直径甚至大于水星的直径。

木卫三

木星

木卫一

木卫二

土星

土星设计图

tǔ xīng shì tǐ jī jǐn cì yú mù

土星是体积仅次于木

xīng de dì èr dà xíng xīng yě yǒu hěn duō
星的第二大行星，也有很多

tiān rán wèi xīng qí zuì dà tè zhēng shì yōng
天然卫星，其最大特征是拥

yǒu yí gè jù dà de guāng huán
有一个巨大的光环。

tǔ xīng gài shuō

土星概说

tǔ xīng de gōng zhuàn zhōu qī wéi nián zì zhuàn

土星的公转周期为29.46年，自转

zhōu qī hěn duǎn wéi shí fēn tǔ xīng de wài biǎo chéng tuǒ yuán xíng yǔ mù xīng
周期很短，为10时14分。土星的外表呈椭圆形，与木星

xiāng bǐ xiǎn de gèng biǎn tǔ xīng biǎo miàn de tiáo wén yǔ mù xīng xiāng sì shì yóu tǔ xīng
相比显得更扁。土星表面的条纹与木星相似，是由土星

wài cè de dà qì jí yún céng xíng chéng de tōng guò guān cè dé zhī qí dà qì zhǔ yào
外侧的大气及云层形成的。通过观测得知，其大气主要

yóu qīng hài shuǐ jiǎ wán děng qì tǐ jí jié jīng gòu chéng biǎo miàn zuì gāo wēn dù yuē
由氢、氦、水、甲烷等气体及结晶构成。表面最高温度约为 -150℃。

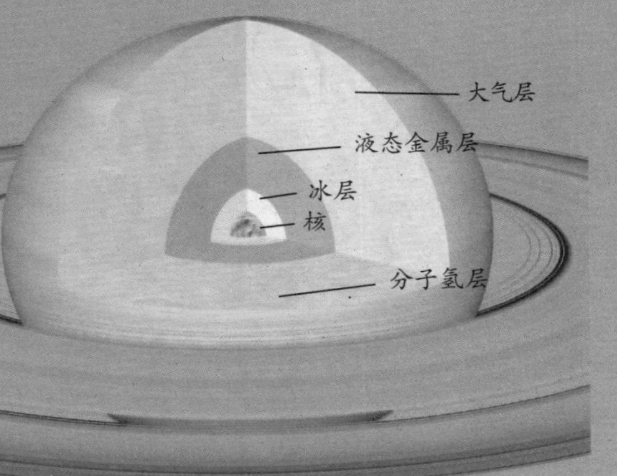

大气层

液态金属层

冰层

核

分子氢层

tǔ xīng de jié gòu

土星的结构

xiàn zài rèn wéi tǔ xīng xíng chéng

现在认为，土星形成

shí qǐ xiān shì tǔ wù zhì hé bīng wù zhì
时，起先是土物质和冰物质

jù jī jì zhī shì qì tǐ jī jù yīn
聚积，继之是气体积聚，因

cǐ tǔ xīng yǒu yí gè zhí jìng wàn qiān mǐ
此土星有一个直径2万千米

的岩石核心。这个核占土星质量的10%～20%，核外包围着5000千米厚的冰壳，再外面是8000千米厚的金属氢层，金属氢之外是一个广延的分子氢层。

土星环

1610年，意大利天文学家伽利略观测到在土星的球状本体旁有奇怪的附属物。1659年，荷兰学者惠更斯证实这是离开本体的光环。直到1856年，英国物理学家麦克斯韦从理论上论证了土星环是无数个小卫星在土星赤道面上绕土星旋转的物质系统。

知识小链接

土星的光环是由什么构成的

土星的光环如果静止不动，就会被巨大的吸引力吸引而即刻脱落，只有旋转着才能保持平衡。光环是由一个个固体颗粒组成的，无数个固体小颗粒不断围着土星旋转，越靠中心部位，转速越快。人类通过日光反射、利用红外线等可看到光环。形成光环的颗粒，有的如沙子，有的像岩石，颗粒表面都覆盖着一层冰。

tiān wáng xīng
天王星

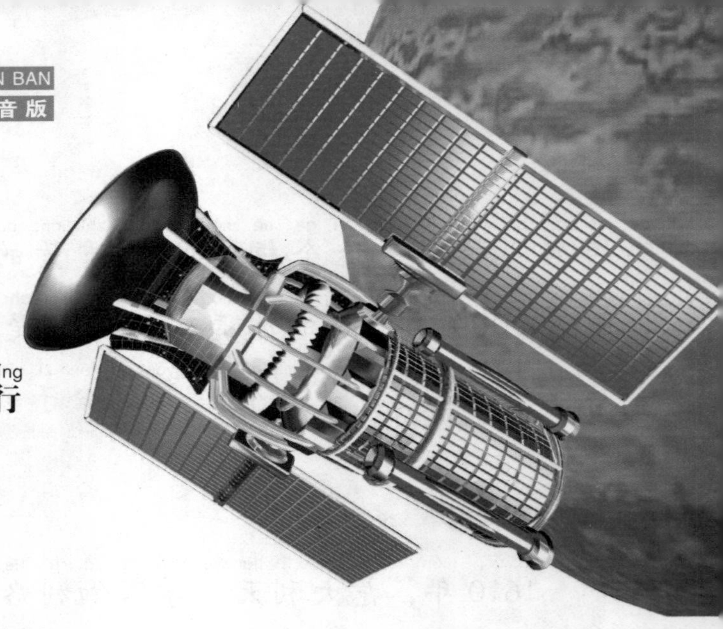

tiān wáng xīng yě shì yí gè dà xíng
天王星也是一个大行
xīng zhí jìng yuē shì dì qiú de bèi
星，直径约是地球的4倍，
tǐ jī shì dì qiú de duō bèi
体积是地球的60多倍。

tiān wáng xīng gài shuō
天王星概说

tiān wáng xīng rào tài yáng gōng zhuàn zhōu wéi nián tiān wáng xīng jù lí tài yáng
天王星绕太阳公转1周为84.01年。天王星距离太阳
de píng jūn jù lí yuē wéi yì qiān mǐ yuē děng yú dì qiú yǔ tài yáng jù lí de
的平均距离约为28.69亿千米，约等于地球与太阳距离的
bèi yóu yú jù lí tài yáng shí fēn yáo yuǎn suǒ yǐ tā cóng tài yáng chù dé dào de rè
19倍。由于距离太阳十分遥远，所以它从太阳处得到的热
liàng jí qí wēi ruò jù cè suàn tiān wáng xīng de biǎo miàn wēn dù yuē wéi
量极其微弱。据测算，天王星的表面温度约为-180℃。

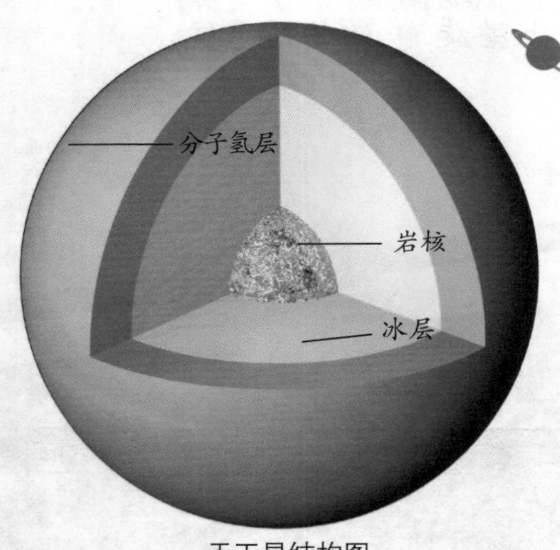

天王星结构图

zì zhuàn de tè diǎn
自转的特点

tiān wáng xīng de zì zhuàn zhōu qī wéi
天王星的自转周期为
xiǎo shí dàn tā de zì zhuàn yùn dòng
23.9小时，但它的自转运动
fēi cháng qí tè rú guǒ bǎ tā de zì zhuàn
非常奇特，如果把它的自转
zhóu kàn zuò tā de qū gàn nà me tā
轴看作它的“躯干”，那么它
bú shì lì zhe zì zhuàn ér shì tǎng zhe zì
不是立着自转，而是躺着自
zhuàn de
转的。

天王星

美丽的光环
měi lì de guāng huán

天王星的周围也像土星那样，有一个美丽的光环，光环
tiān wáng xīng de zhōu wéi yě xiàng tǔ xīng nà yàng yǒu yí gè měi lì de guāng huán guāng huán

中包含着大大小小的环带。由于后来又发现了木星也有环，所
zhōng bāo hán zhe dà dà xiǎo xiǎo de huán dài yóu yú hòu lái yòu fā xiàn le mù xīng yě yǒu huán suǒ

以人们推测海王星也有环。看来，行星环是几个较大行星的
yǐ rén men tuī cè hǎi wáng xīng yě yǒu huán kàn lái xíng xīng huán shì jǐ gè jiào dà xíng xīng de

共同特征。
gòng tóng tè zhēng

知识小链接

天王星数据

离太阳的平均距离 2870.99 × 10^6 千米

赤道直径 51118 千米

公转周期 30685

自转周期 7.9 小时

质量 8.684×10^{25} 千克

天王星与地球的大小比较

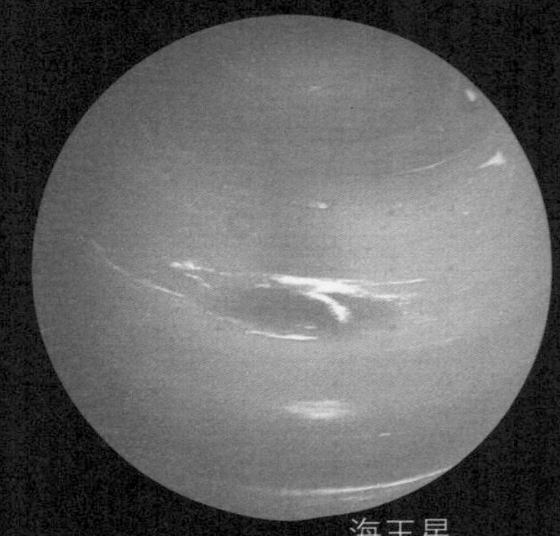
海王星

hǎi wáng xīng 海王星

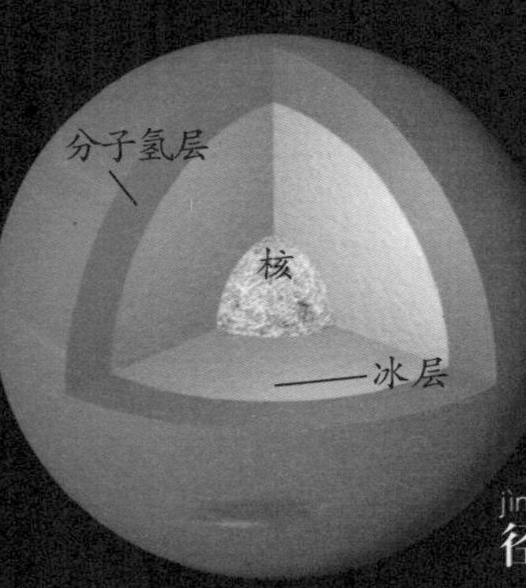

海王星结构图

hǎi wáng xīng shì huán rào tài yáng yùn xíng de dì bā kē xíng xīng shì wéi rào tài yáng gōng zhuàn de dì sì dà tiān tǐ zhí jìng shang hǎi wáng xīng zài zhí jìng shang xiǎo yú tiān wáng xīng dàn zhì liàng dà yú tiān wáng xīng

海王星是环绕太阳运行的第八颗行星，是围绕太阳公转的第四大天体（直径上）。海王星在直径上小于天王星，但质量大于天王星。

hǎi wáng xīng gài shuō 海王星概说

hǎi wáng xīng rào tài yáng gōng zhuàn zhōu yuē wéi nián zì zhuàn zhōu qī yuē wéi xiǎo shí hǎi wáng xīng shang yě yǒu sì jì biàn huà bú guò yīn wèi gōng zhuàn zhōu shí jiān hěn cháng yīn ér sì jì biàn huà shí fēn huǎn màn yóu yú hǎi wáng xīng lí tài yáng hěn yuǎn jiē shōu dào de tài yáng guāng hé rè hěn shǎo yīn cǐ tā de biǎo miàn yòu àn yòu lěng wēn dù yuē wéi

海王星绕太阳公转1周约为164.79年，自转周期约为22小时。海王星上也有四季变化，不过因为公转1周时间很长，因而四季变化十分缓慢。由于海王星离太阳很远，接收到的太阳光和热很少，因此它的表面又暗又冷，温度约为-200℃。

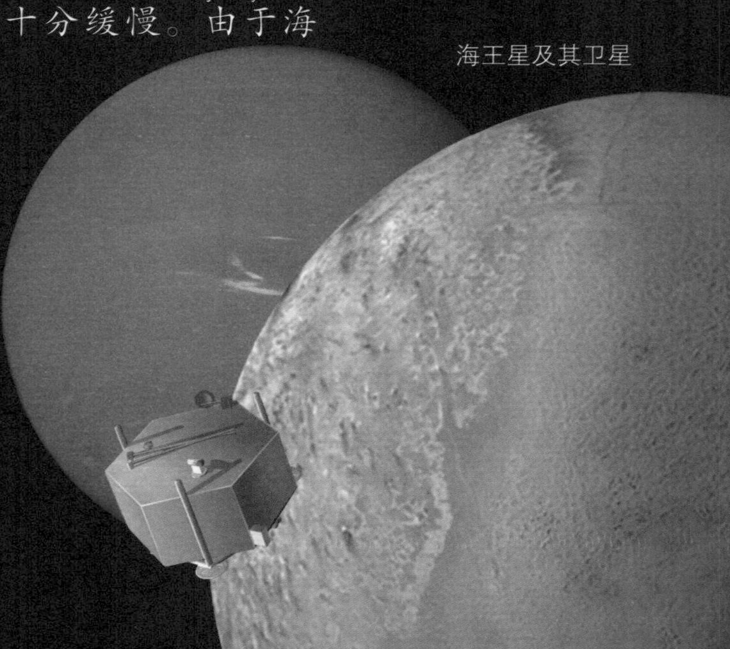
海王星及其卫星

海王星与地球对比

海王星的直径约5万千米，是地球直径的近4倍。与太阳的平均距离约为45亿千米，相当于地球与太阳距离的30倍。质量大约是地球的17倍，而与海王星类似的天王星因密度较低，质量大约是地球的14.6倍。

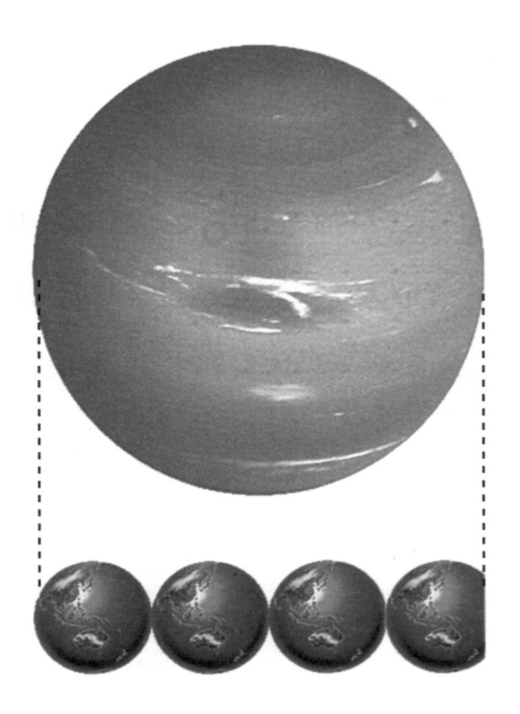

海王星与地球的大小比较

知识小链接

算出来的海王星

18世纪，人们发现天王星总是偏离它应该走的路线。据此，德国天文学家贝塞尔认为可能有一颗未知的行星在影响着天王星的运动。一些人经过复杂的计算，推算出了它的位置，人们终于在1846年观测到了它。

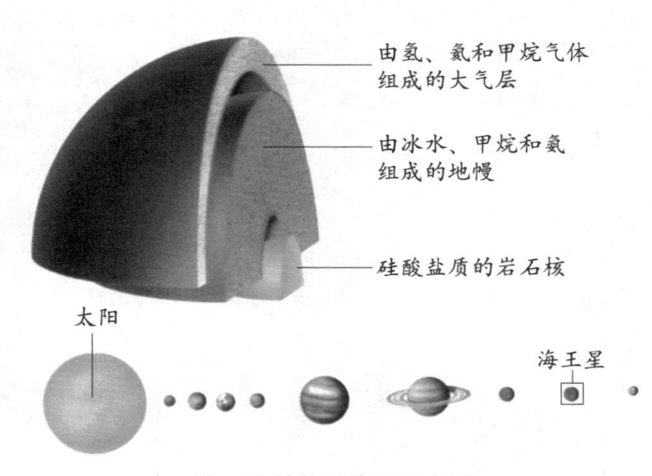

海王星结构及位置示意图

彗星

彗星的头部尖尖，尾部散开，好像一把扫帚，所以彗星也叫“扫帚星”。严格地说，彗星算不上是一颗星，它只是一大团“冷气”间夹杂着冰粒和宇宙尘埃，但它是一种不能忽视的天体。

彗星的构成

彗星分为彗核、彗发和彗尾3部分。彗核由比较密集的固体块和质点组成，其周围云雾状的光辉就是彗发。彗核和彗发合称彗头，后面长长的尾巴叫彗尾。这个扫帚形

huì xīng
彗星

huì xīng de tóu bù jiān jiān wěi bù sàn kāi hǎo xiàng yì bǎ sào zhou suǒ yǐ huì xīng yě jiào
彗星的头部尖尖，尾部散开，好像一把扫帚，所以彗星也叫

sào zhou xīng yán gé de shuō huì xīng suàn bu shàng shì yì kē xīng tā zhǐ shì yí dà tuán lěng
"扫帚星"。严格地说，彗星算不上是一颗星，它只是一大团"冷

qì jiān jiā zá zhe bīng lì hé yǔ zhòu chén āi dàn tā shì yì zhǒng bù néng hū shì de tiān tǐ
气"间夹杂着冰粒和宇宙尘埃，但它是一种不能忽视的天体。

huì xīng de gòu chéng
彗星的构成

huì xīng fēn wéi huì hé huì fā hé huì wěi bù fen huì hé yóu bǐ jiào mì jí de
彗星分为彗核、彗发和彗尾3部分。彗核由比较密集的

gù tǐ kuài hé zhì diǎn zǔ chéng qí zhōu wéi yún wù zhuàng de guāng huī jiù shì huì fā huì hé
固体块和质点组成，其周围云雾状的光辉就是彗发。彗核

hé huì fā hé chēng huì tóu hòu miàn cháng cháng de wěi ba jiào huì wěi zhè ge sào zhou xíng
和彗发合称彗头，后面长长的尾巴叫彗尾。这个扫帚形

双尾彗星

单尾彗星

1986 年 2 月出现的哈雷彗星

知识小链接

哈雷彗星

哈雷彗星是一颗著名的周期彗星。英国天文学家哈雷于1705年首先确定它的轨道是一个扁长的椭圆，并准确地预言了它以约76年的周期绕太阳运行。哈雷彗星的彗核长约15千米，宽约8千米，彗核表面呈灰黑色，反照率仅为4%左右。

de wěi ba bú shì shēng lái jiù yǒu de ér
的尾巴，不是生来就有的，而
shì zài jiē jìn tài yáng shí shòu dào tài yáng fēng
是在接近太阳时，受到太阳风
hé tài yáng fú shè yā lì de zuò yòng cái xíng
和太阳辐射压力的作用才形
chéng de suǒ yǐ cháng xiàng bèi zhe tài yáng de
成的，所以常向背着太阳的
fāng xiàng yán shēn chū qù lí tài yáng yù jìn
方向延伸出去，离太阳愈近，
zhè zhǒng zuò yòng yù qiáng huì wěi yě yù cháng
这种作用愈强，彗尾也愈长。

望远镜拍摄的彗星

huì xīng duō shao nián chū xiàn yí cì
彗星多少年出现一次

huì xīng rào tài yáng zhuàn de zhōu qī shì bù xiāng tóng de zhōu qī zuì duǎn de yì kē jiào ēn kè
彗星绕太阳转的周期是不相同的，周期最短的一颗叫恩克
huì xīng zhōu qī wéi nián cóng nián bèi fā xiàn yǐ lái ēn kè huì xīng yǐ chū xiàn guo
彗星，周期为3.3年。从1786年被发现以来，恩克彗星已出现过
jìn cì yǒu de huì xīng zhōu qī hěn cháng yào jǐ shí nián shèn zhì jǐ bǎi nián cái néng kàn dào yí
近70次。有的彗星周期很长，要几十年甚至几百年才能看到一
cì yǒu de huì xīng guǐ dào bú shì tuǒ yuán xíng de zhè xiē huì xīng hǎo xiàng tài yáng xì de guò lù
次。有的彗星轨道不是椭圆形的，这些彗星好像太阳系的“过路
kè rén yí dàn lí qù jiù bù zhī tā men pǎo dào nǎ ge tiān yá hǎi jiǎo qù le
客人”，一旦离去，就不知它们跑到哪个“天涯海角”去了。

běi dǒu qī xīng
北斗七星

qíng lǎng de yè wǎn　　zài běi fāng tiān kōng　　kě yǐ kàn dào pái chéng sháo zi xíng de　　kē liàng

晴朗的夜晚，在北方天空，可以看到排成勺子形的7颗亮

xīng　zhè jiù shì　　běi dǒu qī xīng　　tā men shì
星，这就是“北斗七星”。它们是

dà xióng xīng zuò li de xīng xing
大熊星座里的星星。

běi dǒu qī xīng de míng zi

北斗七星的名字

běi dǒu shì yóu tiān shū　　tiān xuán　tiān jī

北斗是由天枢、天璇、天玑、

tiān quán　yù héng　　kāi yáng　　yáo guāng qī xīng zǔ
天权、玉衡、开阳、瑶光七星组

chéng de　　gǔ rén bǎ zhè qī xīng lián xì qǐ lái
成的。古人把这七星联系起来

xiǎng xiàng chéng gǔ dài yǎo jiǔ de dǒu de xíng zhuàng
想象成古代舀酒的斗的形状。

běi dǒu qī xīng de liàng dù

北斗七星的亮度

zhè　　　kē xīng liàng dù bù tóng　　yǒu

这7颗星亮度不同，有5

kē bǐ jiào liàng　　　kē bú tài liàng　　xīng xing
颗比较亮，2颗不太亮。星星

de liàng dù yòng xīng děng lái biǎo shì　　xīng děng
的亮度用星等来表示，星等

shù zì yuè xiǎo　　biǎo shì yuè liàng　　zài běi dǒu
数字越小，表示越亮。在北斗

qī xīng li　　kē bǐ jiào liàng de shì èr děng
七星里，5颗比较亮的是二等

xīng　　qí yú　　kē wéi sān děng xīng
星，其余2颗为三等星。

> 知识小链接
>
> **北极星为什么能导航**
>
> 北极星属于小熊星座，距地球约400光年，是夜空能看到的亮度和位置较稳定的恒星。由于北极星最靠近正北的方位，千百年来地球上的人们靠它的星光来导航。

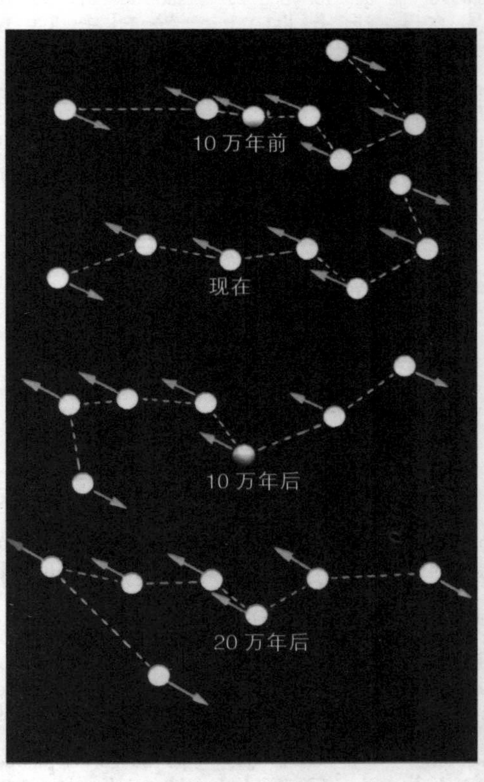

10 万年前

现在

10 万年后

20 万年后

北斗七星的运动

箭头所指为恒星的运动方向

极光

极光是一种高层大气的发光现象。在地球南北两极附近地区的高空，夜间会出现灿烂美丽的光辉，这在南极被称为南极光，在北极被称为北极光。

形成的原因

极光的形成和太阳活动、地球磁场以及高空大气都有关系。太阳由于激烈活动，放射出无数的带电微粒。带电微粒流射向地球，进入地球磁场的作用范围时，会受其影响，沿着地球磁力线高速突入南北磁极附近的高层大气中，激起空气电离而发光，这就是极光。

知识小链接

为什么极光大多在两极出现

我们知道，指南针总是指着南方，这是受地球磁场的影响。由于地球的磁极在南北极附近，从太阳射来的带电微粒流，也要受到地球磁场的影响，总是偏向于地磁的南北两极，所以极光大多出现在南北两极附近。

极光

流星和陨石

流星是宇宙中的小天体、尘埃等被地球引力俘获后，在进入大气层中时因高速与大气摩擦产生高热，从而发光形成的。绝大部分流星体在大气层已烧毁而不会到地面上，只有体积较大的小天体，在大气层中来不及烧完就落到地面上，这才形成了陨石等陨星。

流星

分布在星际空间的细小物体和尘粒叫作“流星体”。成群地绕太阳运动的流星体为流星群。当闯入地球大气圈时，表现为流星雨。每年都会出现的著名流星雨，包括8月的英仙座流星雨、11月的狮子座流星雨等。

流星雨

陨石

吉林1号陨石

大质量流星体在地球大气圈中未被烧毁而落到地面的残骸称为陨星。陨星按化学成分分为三类：石陨星、铁陨星和石铁陨星，其中石陨星就是陨石。陨石的来源可能是小行星、卫星或彗星分裂后的碎块，因此，陨石中携带了这些天体的原始材料，包含着太阳系天体形成演化的丰富信息。目前，全世界已搜集到3000多次陨落事件的标本，其中著名的有中国吉林1号陨石、美国诺顿陨石等。

亚利桑那州大陨石坑

2

第二章

DI QIU JIA YUAN

地球家园

地球的形成

迷人的地球

地球起源于原始太阳星云，已经是一个46亿岁的老寿星了。在40亿～30亿年前，地球已经开始出现最原始的单细胞生命，后来逐渐进化，出现了各种不同的生物。

地球发育

地球最初形成时，是一个巨大的火球。随着温度的逐渐降低，较重的物质下沉到中心，形成地核；较轻的物质漂浮到地面，冷却后形成地壳。大约在45亿年前，地球的大小就已经和今天的差不多了。原始的地球上既无大气，又无海洋。在最初的数亿年间，由于原始地球的地壳较薄，加上小天体的不断撞击，造成地球内熔液不断上涌，地震与火山喷发随处可见。地球内部蕴藏着大量的气泡，在火山喷发过程中从内部升起形成云状的大气。这些云中充满了水蒸气，然后又通过降雨落回到地面。降雨填满了洼地，注满了沟谷，最后积水形成了原始的海洋。到了距今25亿～5亿年的元古代，地球上出现了大片相连的陆地。地球大致的形貌就固定下来了。

地球的结构

从太空看，地球外部被气体包围着。这是因为在地球引力的作用下，大量气体聚集在地球周围，形成了数千千米的大气层，这为生物提供了氧气。地球本身的结构由表面向内依次分为地壳、地幔、地核。

大气层

大气层又叫大气圈，地球被它层层包裹。大气层主要成分为氮气、氧气以及其他气体。

根据大气的温度、密度等方面的变化，可以把大气分成几层。最上面的一层叫作散逸层，大气非常稀薄。散逸层以下是热层。热层在距地面 85 ~ 500 千米的空间范围。热层以下是中间层，在 50 ~ 85 千米范围之内，特别寒冷。中间层以下是平流层，它在距地面十几

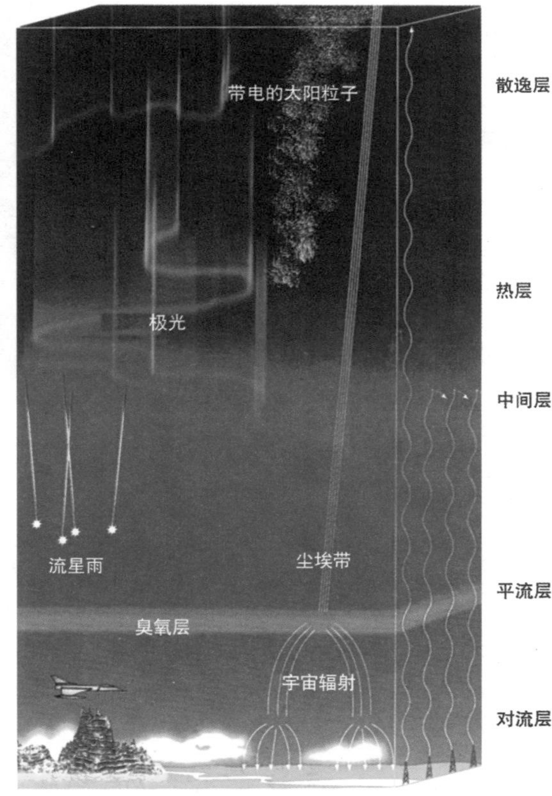

大气层结构

qiān mǐ dào qiān mǐ fàn wéi yǐ nèi zhè céng dà qì céng nèi bāo hán yí gè chòuyǎng céng zuì
千米到50千米范围以内，这层大气层内包含一个臭氧层。最

xià miàn de tiē jìn dì miàn de kōng qì céng jiào duì liú céng tā de hòu dù suí wěi dù hé jì jié
下面的贴近地面的空气层叫对流层，它的厚度随纬度和季节

yǒu suǒ biàn huà liǎng jí dì qū hòu qiān mǐ chì dào shàng kōng hòu qiān mǐ
有所变化，两极地区厚8千米，赤道上空厚17～18千米。

地球的内部结构
dì qiú de nèi bù jié gòu

dì qiú nèi bù gòu zào qià sì yí

地球内部构造恰似一

gè táo zi wài biǎo de dì qiào shì yán shí
个桃子，外表的地壳是岩石

céng xiāng dāng yú táo zi pí rén lèi yǐ
层，相当于桃子皮，人类以

jí shēng wù dōu shēng huó zài zhè lǐ dì
及生物都生活在这里；地

màn xiāng dāng yú táo zi de guǒ ròu bù fen
幔相当于桃子的果肉部分，

shì zhuó rè de kě sù xìng gù tǐ dì hé
是灼热的可塑性固体；地核

xiāng dāng yú táo hé yóu tiě niè děng jīn
相当于桃核，由铁、镍等金

shǔ wù zhì huò yán shí gòu chéng
属物质或岩石构成。

dì qiào shì yì zhǒng gù tài tǔ céng hé

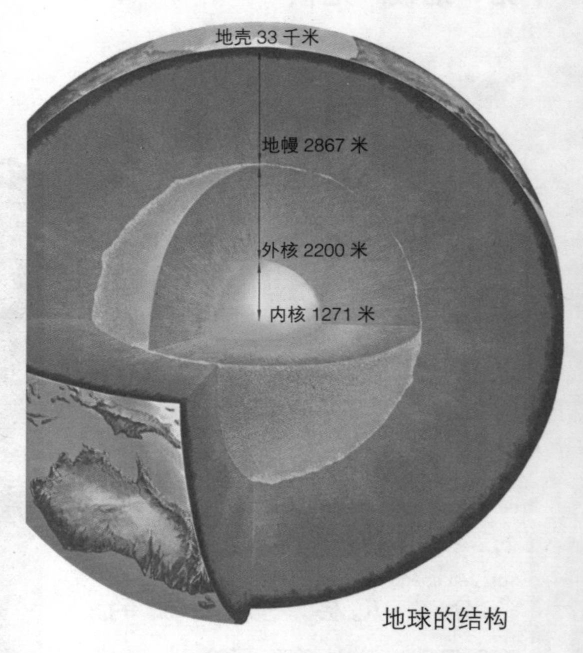

地球的结构

地壳是一种固态土层和

yán shí yě chēng wéi yán shí quān céng
岩石，也称为岩石圈层。地壳 33 千米

地幔 2867 米

外核 2200 米

内核 1271 米

dì màn fēn wéi shàng dì màn céng hé xià dì màn céng dì màn yuē zhàn dì qiú zǒng tǐ jī de
幔分为上地幔层和下地幔层。地幔约占地球总体积的

wēn dù gāo dá shàng dì màn céng chéng bàn róng róng
83.3%，温度高达1000℃～2000℃。上地幔层呈半熔融

yán jiāng zhuàng tài xià dì màn céng chéng gù tǐ zhuàng tài dì hé yòu fēn wéi wài hé hé nèi
岩浆状态，下地幔层呈固体状态。地核又分为外核和内

hé wài hé chéng yè tài nèi hé chéng gù tài dì hé wēn dù wéi zuǒ yòu
核。外核呈液态，内核呈固态。地核温度为5000℃左右。

地球的自转与昼夜更替

太阳从东方的地平线冉冉升起，它越升越高，高挂在天空中，照亮了大地，继而又从西方地平线缓缓落下，大地逐渐黑暗起来。这是一种常见的现象，是由地球自转产生的。

自转的规律

地球自转是地球的一种重要运动形式，它指的是地球围绕地轴所做的自西向东的、不停的旋转运动。地球自转1周大约需要24小时，即1天。从北极上空看，地球自转呈逆时针方向；从南极上空看，地球自转呈顺时针方向。一般而言，地球的自转是均匀的。

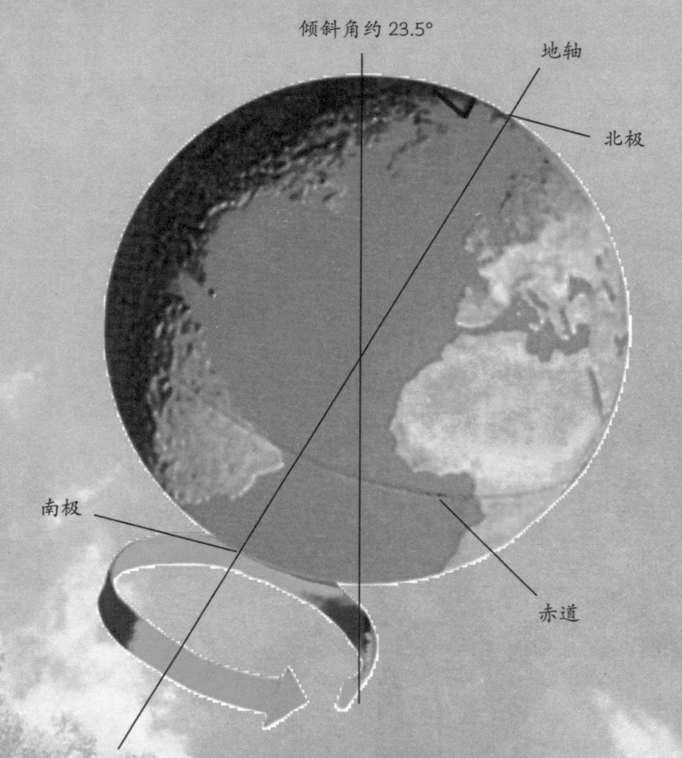

昼夜交替的形成

我们知道，地球是一个球体，它既不发光也不透明，因此当它不停地自西向东自转时，无论何时，都只有表面的一半可以被阳光照亮。被太阳照亮的半球处于白天，没被太阳照亮的半球处于黑夜。又因为地球的自转是一刻不停的，所以向阳面和背阳面循环交替，就产生了昼夜更替的现象。

极昼

极昼和极夜

地球上的北极和南极会出现太阳长时间不落的情况，也就是说一年内大致连续6个月都是白天，人们把这种现象叫作极昼；南、北两段有时候又会出现长时间没有太阳的情况，甚至连月亮都很少出现，人们把这种现象称为极夜。当南极出现极昼的时候，北极就同时出现极夜，反之也一样。

极夜

地球的公转与四季

所谓地球公转，就是地球围绕太阳的运动，因为地球相对太阳的公转运动使得太阳的直射位置不断变化，地面的受热量及天气也随之发生更替变换，因而产生了春夏秋冬四个季节。

地球公转路线

地球公转的路线叫作公转轨道。轨道是椭圆形，决定了地球绕太阳公转时，与太阳的距离会不断改变。每年1月初，地球离太阳最近，这个位置叫作近日点，此时日地距离约为14710万千米；每年7月初，地球距离太阳最远，这个位置叫作远日点，此时日地距离约为15210万千米。我们平时所说的日地距离是指平均距离，为14960万千米。

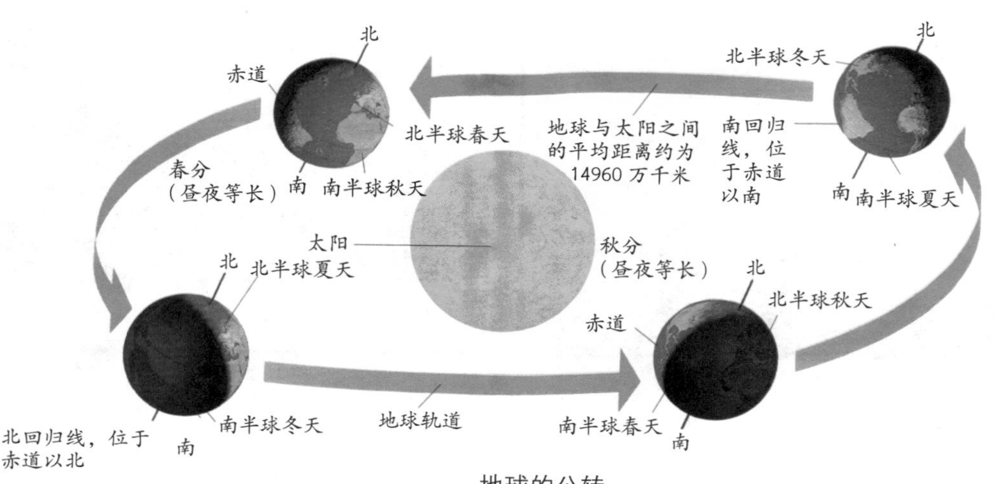

地球的公转

四季的形成

地球绕太阳公转的轨道是椭圆形的，而且与地球自转的平面有一个夹角。地球在一年中不同的时候，处在公转轨道的不同位置，地球上各个地方受到的太阳光照是不一样的，接收到的太阳热量也不同，因此就有了季节的变化和冷热的差异。

春

夏

秋

冬

赤道和两极

赤道是地球表面的点随地球自转产生的轨迹中周长最长的圆周线，而北极和南极是地球上的两个端点。

赤道

在赤道地区，太阳终年直射，气温高，天气热。赤道是通过地球中心垂直于地轴的平面和地球表面相交的大圆圈，把地球拦腰缚住，平分为南北两个半球，是南北纬度的起点，也是地球上最长的纬线圈，全长约40075千米，一架时速为800千米的喷气式飞机，要用50小时左右才能飞完这段距离。

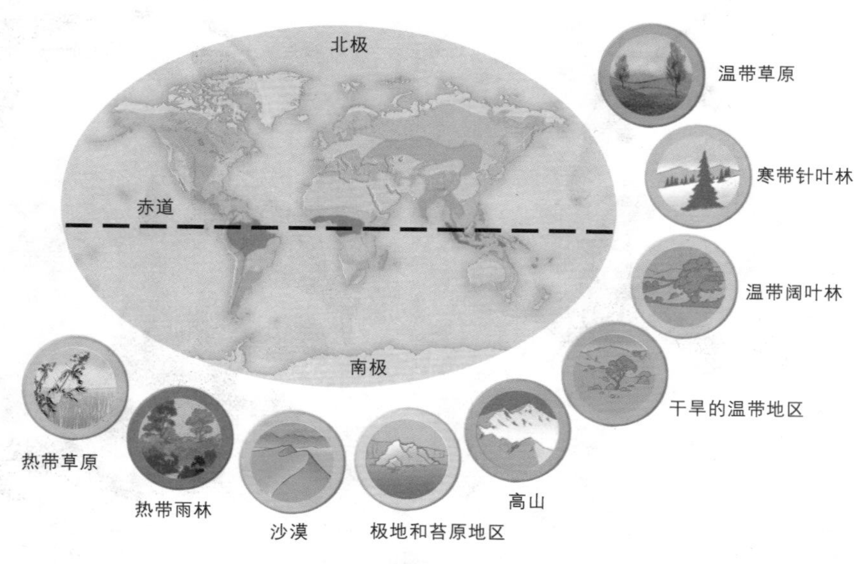

地球上的气候类型分布图

两极

两极是假想的地球自转轴与地球表面的两个交点，又是所有经线辐合汇集的地方。在北半球的叫北极，在南半球的叫南极。北极和南极到赤道间的经线距离都是相等的。其实地球的两个极点是运动着的，称为“极移”。极移的范围很小，虽然只有篮球场那么大，但它对地球经纬度的精度却有不小的影响。此外，科学家还发现，极移与大地震可能有联系，因为极移会引起地球内部大规模的物质迁移，从而诱发大地震。

北极熊

企鹅

海豹

寒冷的两极

两极经常出现“极昼”和“极夜”现象。虽然两极地区有半年时间为白昼，但真正能为两极地区增加热量的光线却少得可怜，因此两极地区终年冰天雪地，寒冷异常，草木很难生存，甚至像金属、橡胶之类的东西也会被冻得像玻璃那样易脆易碎。在南极地区，极点甚至有 −94.5℃的低温。不过很多动物却能在两极安居乐业。

dà lù piāo yí shuō
大陆漂移说

jīn tiān dì qiú biǎo miàn de dà lù bǎn kuài shì cóng yì kāi shǐ jiù zhè yàng fēn chéng jǐ dà kuài de
今天地球表面的大陆板块是从一开始就这样分成几大块的
ma rú guǒ bú shì tā men shì zěn me yàng biàn chéng rú jīn zhè yàng de ne
吗？如果不是，它们是怎么样变成如今这样的呢？

dà lù piāo yí shuō de tí chū
“大陆漂移说”的提出

shì jì chū de yì tiān dé guó dì qiú wù lǐ xué jiā wèi gé nà fā xiàn nán měi
20世纪初的一天，德国地球物理学家魏格纳发现：南美
zhōu de dōng hǎi àn yǔ fēi zhōu de xī hǎi àn de xíng zhuàng shì bǐ cǐ wěn hé de hǎo xiàng
洲的东海岸与非洲的西海岸的形状是彼此吻合的，好像
shì yí kuài dà lù fēn liè hòu nán měi zhōu piāo le chū qù jīng guò liǎng nián de qián xīn yán
是一块大陆分裂后，南美洲漂了出去。经过两年的潜心研
jiū wèi gé nà què xìn dì qiú de dà lù yuán xiān shì yí gè zhěng kuài zhī hòu kāi shǐ
究，魏格纳确信，地球的大陆原先是一个整块，之后开始

3亿年以前

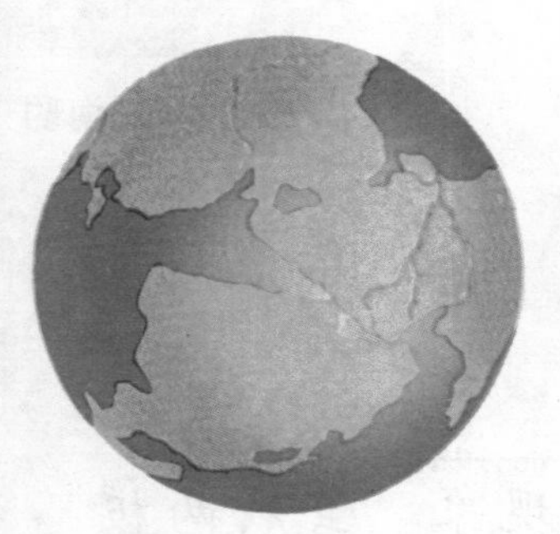

陆地靠拢，连成一片辽阔的大陆

2亿年以前

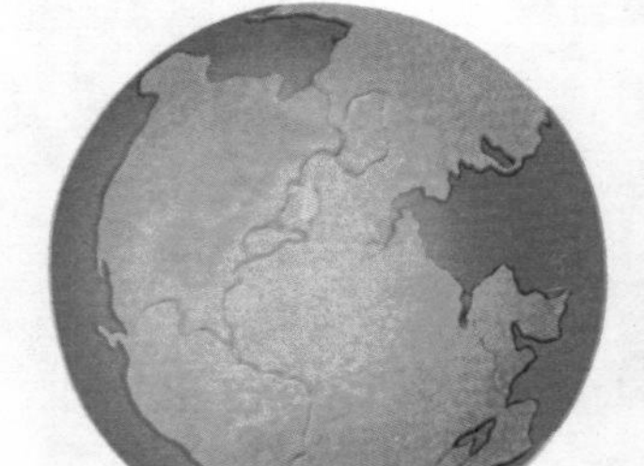

大陆与大陆连成超级大陆，叫作泛古陆

1.5亿年以前

大陆再次漂移分离，泛古陆分裂成两部分：劳亚古陆和冈瓦纳古陆

现 在

当今世界的面貌。不过，大陆仍在移动中

5000万年以后

这是5000万年以后可能出现的世界面貌

分裂，向东西南北各个方向移动，后来才成为现在这个模样。于是，他正式提出了“大陆漂移说”。

学说的发展

1968年，法国地质学家勒比雄在前人研究的基础上提出六大板块的主张，它们是——欧亚板块、非洲板块、美洲板块、印度板块、南极板块和太平洋板块。板块学说很好地解决了魏格纳生前一直没有解决的漂移动力问题，使地质学在一个新的高度上获得了全面的发展。随着板块运动被确立为地球地质运动的基本形式，地学也进入了一个新的发展阶段。大陆分久必合、合久必分，海洋时而扩张、时而封闭，已成为人们接受的地壳构造图景。到了20世纪80年代，人们确信，从大陆漂移说的提出到板块学说的确立，构成了一次名副其实的现代地学领域的伟大革命。

知识小链接

魏格纳

魏格纳是德国气象学家、地球物理学家、天文学家、大陆漂移说的创始人。1880年11月1日生于柏林，1930年11月在格陵兰考察冰原时遇难。1912年提出“大陆漂移说”，1915年出版《海陆起源》一书，详细阐述了“大陆漂移说”。

海洋与四大洋

海洋总面积约为3.6亿平方千米。根据人们的计算，地球表面71%是海洋，而陆地面积仅占29%。因为海洋面积远远大于陆地面积，所以有人将地球称为“水球”。

海洋的分布

从地球仪上看，世界的海陆分布很不均匀。从南北半球看，陆地主要分布在北半球，海洋主要分布在南半球。从东西半球看，陆地主要分布在东半球，海洋主要分布在西半球。值得注意的是，海和洋并不是一回事，我们通常把海洋的中心主体部分叫作洋，边缘附属部分称为海。

hǎi yáng de zhòng yào xìng
海洋的重要性

hǎi yáng shì rén lèi wèi lái zī yuán kāi fā hé
海洋是人类未来资源开发和
kōng jiān lì yòng de jī dì duì hǎi yáng de yán jiū
空间利用的基地，对海洋的研究
gèng yǒu zhù yú rén lèi duì dì qiú de tàn suǒ suǒ
更有助于人类对地球的探索，所
yǐ hǎi yáng shì rén lèi kě chí xù fā zhǎn de guān jiàn
以海洋是人类可持续发展的关键。

tài píng yáng
太平洋

tài píng yáng wèi yú yà zhōu dà yáng zhōu nán jí zhōu hé nán běi měi zhōu zhī jiān
太平洋位于亚洲、大洋洲、南极洲和南北美洲之间，
jìn sì yú tuǒ yuán xíng liǎng tóu zhǎi zhōng jiān kuān qí miàn jī yuē wéi wàn píng
近似于椭圆形，两头窄、中间宽。其面积约为17968万平
fāng qiān mǐ shì shì jiè shang zuì dà de hǎi yáng qí píng jūn shēn dù yuē wéi mǐ
方千米，是世界上最大的海洋。其平均深度约为4028米，
yě shì zuì shēn de dà yáng hái shi quán qiú dǎo yǔ zuì duō de dà yáng
也是最深的大洋，还是全球岛屿最多的大洋。

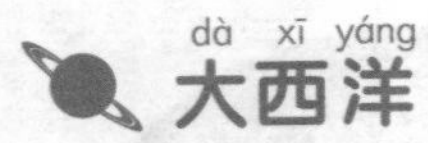

大西洋

dà xī yáng wèi yú nán　　běi měi zhōu hé ōu zhōu　　fēi zhōu　　nán jí zhōu zhī jiān　　miàn

大西洋位于南、北美洲和欧洲、非洲、南极洲之间，面

jī yuē wéi　　　　　　　wàn píng fāng qiān mǐ　　lún kuò lüè xiàng　　　　xíng　dōng xī xiá zhǎi
积约为9336.2万平方千米，轮廓略像“S”形，东西狭窄，

nán běi yán shēn
南北延伸。

印度洋

yìn dù yáng wèi yú yà zhōu　　dà yáng zhōu　　fēi zhōu hé nán jí zhōu zhī jiān　　miàn jī

印度洋位于亚洲、大洋洲、非洲和南极洲之间，面积

yuē wéi　　　　　wàn píng fāng qiān mǐ
约为7492万平方千米。

海底风景

北冰洋

běi bīng yáng 北冰洋

　　běi bīng yáng wèi yú dì qiú de zuì běi miàn　dà zhì yǐ běi jí wéi zhōng xīn　miàn jī yuē
北冰洋位于地球的最北面，大致以北极为中心，面积约

wéi　　wàn píng fāng qiān mǐ　shì sì dà yáng zhōng miàn jī hé tǐ jī zuì xiǎo　shēn dù zuì
为1310万平方千米，是四大洋中面积和体积最小、深度最

qiǎn de dà yáng　yīn wèi yáng miàn shang zhōng nián fù gài zhe bīng　suǒ yǐ jiào zuò　běi bīng yáng
浅的大洋。因为洋面上终年覆盖着冰，所以叫作“北冰洋”。

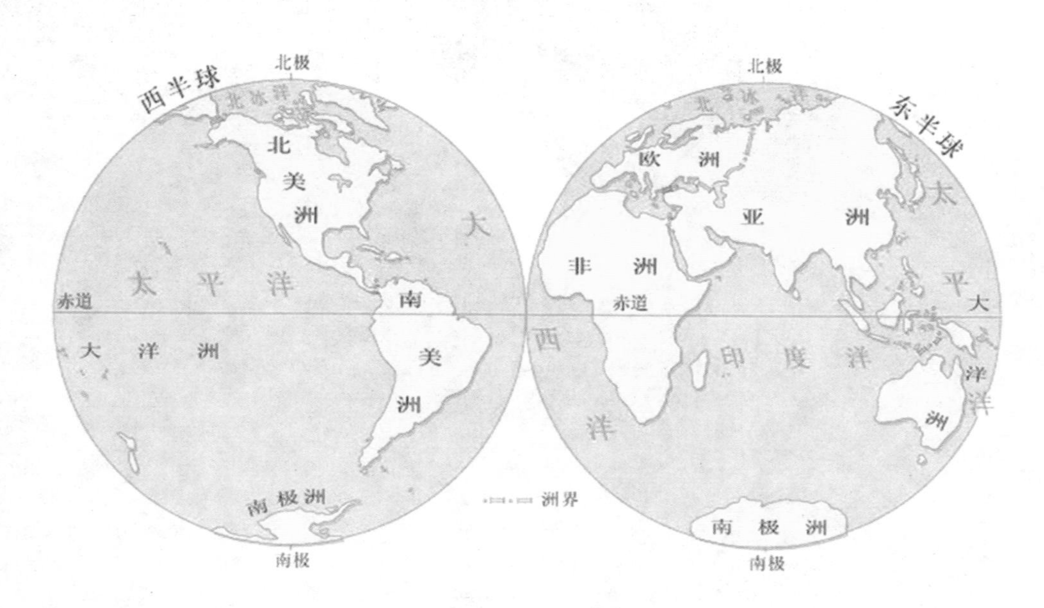

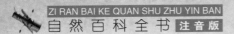

dà zhōu
大洲

rén men jiāng dāng jīn lù dì huà fēn wéi gè
人们将当今陆地划分为7个
zhōu fēn bié wéi yà zhōu fēi zhōu ōu zhōu nán
洲，分别为亚洲、非洲、欧洲、南
měi zhōu běi měi zhōu dà yáng zhōu nán jí zhōu
美洲、北美洲、大洋洲、南极洲。

亚洲

亚洲是亚细亚洲的简称，位于东半球的东北部，东临太平洋，南接印度洋，北濒北冰洋。西面通常以乌拉尔山脉、乌拉尔河、里海、大高加索山脉、土耳其海峡和黑海与欧洲分界，西南面以红海、苏伊士运河与非洲分界，东北面隔着白令海峡与北美洲相望，东南面以帝汶海、阿拉弗拉海及其他一些海域与大洋洲分界。总面积4400万平方千米，占世界陆地面积的1/3，是世界第一大洲。

亚洲有40多个国家和地区，以黄种人为主，西亚和南亚有白种人分布，在阿拉伯半岛和马来群岛有少数黑色人种。

万里长城

非洲

非洲位于东半球的西南部，东接印度洋，西临大西洋，北隔地中海和直布罗陀海峡同欧洲相望，东北隔苏伊士运河、红海与亚洲相邻。面积3020余万平方千米，是世界第二大洲，人种以黑种人居多。

非洲是一个高原大陆，全洲平均海拔750米。整个大陆

的地形从东南向西北稍有倾斜。东部和南部地势较高，分布有埃塞俄比亚高原、东非高原和南非高原。

非洲地跨南北两个半球，赤道横贯中部，气候带呈南北对称分布。通常气温高、降水少、干旱地区广，有“热带大陆”之称。

非洲是黑种人的故乡

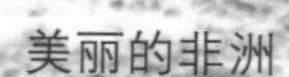

美丽的非洲

ōu zhōu
欧洲

ōu zhōu wèi yú dōng bàn qiú de xī běi bù　　　yǔ yà zhōu dà lù xiāng lián　　hé chēng yà

欧洲位于东半球的西北部，与亚洲大陆相连，合称亚

ōu dà lù　　　tā běi lín běi bīng yáng　　xī bīn dà xī yáng　　nán gé dì zhōng hǎi yǔ fēi zhōu xiāng
欧大陆。它北临北冰洋，西濒大西洋，南隔地中海与非洲相

wàng　　zǒng miàn jī jǐn　　　　　　wàn píng fāng qiān mǐ　　zài dì lǐ shang xí guàn bǎ ōu zhōu fēn wéi
望，总面积仅1016万平方千米。在地理上习惯把欧洲分为

nán ōu　　xī ōu　　zhōng ōu　　běi ōu hé dōng ōu　　bù fen　　nán ōu bāo kuò xī là　　xī bān
南欧、西欧、中欧、北欧和东欧5部分。南欧包括希腊、西班

yá děng guó jiā　　　xī ōu bāo kuò yīng guó　　fǎ guó děng guó jiā　　zhōng ōu bāo kuò ào dì lì
牙等国家，西欧包括英国、法国等国家，中欧包括奥地利、

ruì shì děng guó jiā　　dōng ōu bāo kuò é luó sī　　wǔ kè lán děng guó jiā　　běi ōu bāo kuò ruì
瑞士等国家，东欧包括俄罗斯、乌克兰等国家，北欧包括瑞

diǎn dān mài děng guó jiā
典、丹麦等国家。

ōu zhōu shì shì jiè zī běn zhǔ yì de fā yuán
欧洲是世界资本主义的发源

dì jué dà duō shù guó jiā de jīng jì dōu bǐ jiào fā
地，绝大多数国家的经济都比较发

dá ōu zhōu yě shì bái zhǒng rén de gù xiāng yǒu
达。欧洲也是白种人的故乡，有

yì duō rén kǒu shì shì jiè shang rén kǒu zuì chóu
7亿多人口，是世界上人口最稠

mì de dì qū zhī yī dàn rén kǒu zì rán zēng zhǎng
密的地区之一，但人口自然增长

lǜ pǔ biàn dī yú qí tā gè zhōu
率普遍低于其他各洲。

欧洲是白种人的故乡

美丽的欧洲

南美洲

南美洲位于西半球的南部，西临太平洋，东接大西洋，北临加勒比海，西北角通过中美地峡与北美洲接壤，南隔德雷克海峡与南极洲相望。总面积近1800万平方千米。整个南美洲是一块巨大的三角形陆地，北面宽，南面窄。

南美洲的人种组成较复杂，混血种人、印第安人、白种人和黑种人是主要的人种，分布在十几个国家和地区。

足球运动在南美洲非常盛行

běi měi zhōu
北美洲

běi měi zhōu wèi yú xī bàn qiú de běi bù
北美洲位于西半球的北部。
xī jiē tài píng yáng dōng lín dà xī yáng xī běi
西接太平洋，东临大西洋，西北
miàn hé dōng běi miàn fēn bié gé hǎi yǔ yà zhōu hé
面和东北面分别隔海与亚洲和
ōu zhōu xiāng wàng běi miàn yǔ běi bīng yáng xiāng
欧洲相望，北面与北冰洋相
lín nán miàn yǐ bā ná mǎ yùn hé yǔ nán měi zhōu
邻，南面以巴拿马运河与南美洲
xiāng jiē běi měi zhōu miàn jī wàn píng
相接。北美洲面积2422.8万平
fāng qiān mǐ shì shì jiè dì sān dà zhōu gòng yǒu
方千米，是世界第三大洲，共有
gè guó jiā hé shí jǐ gè dì qū
23个国家和十几个地区。

běi měi zhōu yǒu bái zhǒng rén yìn dì
北美洲有白种人、印第
ān rén hēi zhǒng rén hùn xuè zhǒng rén děng
安人、黑种人、混血种人等
rén zhǒng yìn dì ān rén shì dāng dì de tǔ zhù
人种。印第安人是当地的土著
jū mín
居民。

美国是北美洲最发达的国家，
也是世界最发达的国家之一

大洋洲

dà yáng zhōu shì miàn jī zuì xiǎo de yí gè zhōu zhǔ tǐ bù fen shì ào dà lì yà dà lù

大洋洲是面积最小的一个洲，主体部分是澳大利亚大陆，

yīn cǐ rén men guò qù bǎ dà yáng zhōu chēng wéi ào zhōu dà yáng zhōu bāo kuò ào dà lì yà dà
因此，人们过去把大洋洲称为澳洲。大洋洲包括澳大利亚大

lù xīn xī lán nán běi liǎng dǎo xīn jǐ nèi yà dǎo yǐ jí tài píng yáng zhōng de bō lì ní xī
陆、新西兰南北两岛、新几内亚岛，以及太平洋中的波利尼西

yà mì kè luó ní xī yà hé měi lā ní xī yà sān dà qún dǎo děng quán zhōu lù dì miàn jī yuē
亚、密克罗尼西亚和美拉尼西亚三大群岛等。全洲陆地面积约

wéi wàn píng fāng qiān mǐ rén kǒu zǒng jì yuē wàn dà yáng zhōu de tǔ zhù jū mín
为897万平方千米，人口总计约3000万。大洋洲的土著居民

shì zōng sè rén zhǒng xiàn zài de bái zhǒng rén shì ōu zhōu yí mín de hòu yì
是棕色人种，现在的白种人是欧洲移民的后裔。

dà yáng zhōu wèi yú yà zhōu yǔ nán jí zhōu zhī jiān xī lín yìn dù yáng dōng miàn gé tài

大洋洲位于亚洲与南极洲之间，西临印度洋，东面隔太

píng yáng yǔ nán běi měi zhōu yáo yáo xiāng wàng dà yáng zhōu shang de dòng zhí wù jù yǒu qí tā
平洋与南、北美洲遥遥相望。大洋洲上的动植物具有其他

xǔ duō dà lù suǒ méi yǒu de tè diǎn yǒu de zhí wù pǐn zhǒng shì qí tā
许多大陆所没有的特点，有3/4的植物品种是其他

dà lù suǒ méi yǒu de
大陆所没有的。

澳大利亚袋鼠

独特的有袋动物针鼹生活在大洋洲的澳大利亚

hé liú
河流

dì shang běn lái méi yǒu hé　shì yǔ shuǐ　dì xià shuǐ hé
地上本来没有河，是雨水、地下水和
gāo shān bīng xuě róng shuǐ jīng cháng yán zhe xiàn xíng shēn zhǎn de āo
高山冰雪融水经常沿着线形伸展的凹
dì xiàng dī chù liú dòng　cái xíng chéng le hé liú
地向低处流动，才形成了河流。

河流是人类文明的摇篮

tiān rán hé liú de xíng chéng
天然河流的形成

yì tiáo hé liú de xíng chéng bì xū yǒu liú dòng de
一条河流的形成必须有流动的
shuǐ jí chǔ shuǐ de cáo　shān jiān yì zhǎng　yì tuì de shān
水及储水的槽。山间易涨、易退的山
xī　bù néng suàn hé liú　yì tiáo xīn hé xíng chéng
溪，不能算河流。一条新河形成
shí　hé shuǐ bìng bú shì xiàng xià liú dòng　ér shì diào guò
时，河水并不是向下流动，而是掉过
tóu lái　xiàng yuán tóu shēn zhǎn　hé gǔ yì tiān tiān xiàng
头来，向源头伸展，河谷一天天向
shàng yóu yán shēn　fán shì tiān rán xíng chéng de hé liú dōu shì
上游延伸。凡是天然形成的河流都是
zhè yàng　chéng zhǎng　qǐ lái de
这样“成长”起来的。

“老人河”——密西西比河

hé liú de zhǒng lèi
河流的种类

shì jiè shang tiān rán dà hé yǒu hěn duō qí zhōng nán měi zhōu de yà mǎ sūn hé shì shì jiè
世界上天然大河有很多，其中南美洲的亚马孙河是世界
shang liú liàng zuì dà liú yù miàn jī zuì guǎng de hé liú zòng guàn fēi zhōu dōng běi bù de ní luó
上流量最大、流域面积最广的河流。纵贯非洲东北部的尼罗
hé cháng qiān mǐ shì shì jiè shang liú chéng zuì cháng de hé liú wǒ guó de cháng jiāng shì
河长6671千米，是世界上流程最长的河流。我国的长江是
shì jiè dì sān cháng hé chú tiān rán hé liú wài hái yǒu rén gōng kāi jué de hé liú yùn hé
世界第三长河。除天然河流外，还有人工开掘的河流——运河。

亚马孙河

河流多发源于高山

长江正源——沱沱河

“东方伟大的航道”——苏伊士运河

shān mài
山脉

dì qiú shang fēn bù zhe zhòng duō shān mài　gè zhǒng gè yàng　rén men wèi le biàn yú qū fēn　jiù
地球上分布着众多山脉，各种各样，人们为了便于区分，就
gēn jù　qí xíng chéng yuán yīn jiāng zhī fēn chéng sān dà lèi　jí huǒ shān　zhě zhòu shān hé duàn céng shān
根据其形成原因将之分成三大类，即火山、褶皱山和断层山。

shān de xíng chéng shì yì tú
山的形成示意图

dāng dì qiào fā shēng jù liè de jǐ yā shí　huì xíng chéng zhě zhòu　huò zhě dà guī mó
当地壳发生剧烈的挤压时，会形成褶皱，或者大规模
de tái shēng yǔ chén jiàng　biàn xíng chéng le shān　bù tóng xíng zhuàng de yán céng yǒu bù tóng de
的抬升与沉降，便形成了山。不同形状的岩层有不同的
míng chēng　dì qiào lóng qǐ xíng chéng zhě zhòu shān　dì qiào duàn liè xíng chéng duàn céng shān hé
名称。地壳隆起形成褶皱山，地壳断裂形成断层山和
liè gǔ
裂谷。

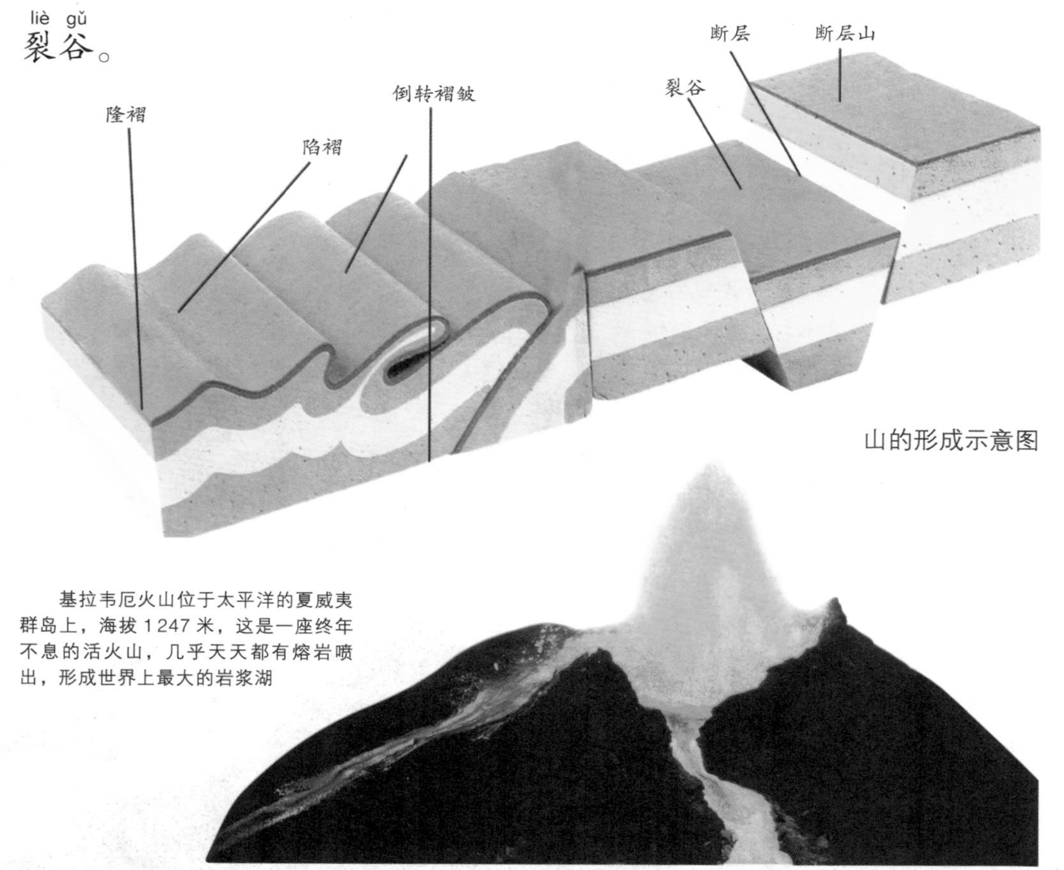

山的形成示意图

基拉韦厄火山位于太平洋的夏威夷群岛上，海拔1247米，这是一座终年不息的活火山，几乎天天都有熔岩喷出，形成世界上最大的岩浆湖

huǒ shān
火山

dì qiào zhī xià

地壳之下100～150

qiān mǐ chù yǒu yí gè yè tài
千米处，有一个“液态

qū qū nèi cún zài zhe gāo wēn
区”，区内存在着高温、

gāo yā xià hán qì tǐ huī fā chéng fèn
高压下含气体挥发成分

de róng róng zhuàng guī suān yán wù zhì jí
的熔融状硅酸盐物质，即

yán jiāng tā yí dàn cóng dì qiào bó ruò de dì
岩浆。它一旦从地壳薄弱的地段冲出地表，就形成了火山。火山

fēn wéi huó huǒ shān sǐ huǒ shān hé xiū mián huǒ shān huǒ shān bào fā néng pēn chū duō
分为活火山、死火山和休眠火山。火山爆发能喷出多

zhǒng wù zhì
种物质。

富士山由火山运动形成

知识小链接

珠穆朗玛峰

珠穆朗玛峰位于我国同尼泊尔交界的边境线上，海拔8844.43米，是地球上最大的山脉——喜马拉雅山的主峰，也是世界最高峰。它周围多冰川，地形险峻，气候多变。

zhě zhòu shān
褶皱山

zhě zhòu shān shì dì biǎo yán céng shòu chuí zhí huò shuǐ píng fāng xiàng de gòu zào zuò yòng lì ér xíng chéng de yán céng wān qū de zhě zhòu gòu zào shān dì
褶皱山是地表岩层受垂直或水平方向的构造作用力而形成的岩层弯曲的褶皱构造山地。

张家界断层山

duàn céng shān
断层山

duàn céng shān yòu chēng duàn kuài shān yán céng zài duàn liè hòu wèi zhì huì xiāng hù cuò kāi yán céng de zhè zhǒng biàn huà jiào zuò duàn céng yán céng duàn liè hòu tái shēng xíng chéng shān mài jiào duàn céng shān yì bān duàn céng shān shān pō jiào dǒu rú zhōng guó de huà shān
断层山又称“断块山”。岩层在断裂后，位置会相互错开，岩层的这种变化叫作断层。岩层断裂后抬升，形成山脉，叫断层山。一般断层山山坡较陡，如中国的华山。

落基山脉为褶皱山

瀑布

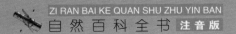

瀑布是指河流或溪水经过河床纵断面的陡坡或悬崖处时，垂直或近乎垂直地倾泻而下的水流。

瀑布形成的原因

世界上的瀑布千姿百态、形形色色，形成的原因也是多种多样的：在同一条河流上，由于构成河床的岩石不

瀑布
pù bù

瀑布是指河流或溪水经过河床 纵 断面的陡坡或悬崖处
pù bù shì zhǐ hé liú huò xī shuǐ jīng guò hé chuáng zòng duàn miàn de dǒu pō huò xuán yá chù

时，垂直或近乎垂直地倾泻而下的水流。
shí chuí zhí huò jìn hū chuí zhí de qīng xiè ér xià de shuǐ liú

瀑布形成的原因
pù bù xíng chéng de yuán yīn

世界上的瀑布千姿百态、形形色色，形成的原因也是
shì jiè shang de pù bù qiān zī bǎi tài xíng xíng sè sè xíng chéng de yuán yīn yě shì

多种多样的：在同一条河流上，由于构成河床的岩石不
duō zhǒng duō yàng de zài tóng yì tiáo hé liú shang yóu yú gòu chéng hé chuáng de yán shí bù

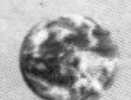

同，河床高低相差很大，就会出现瀑布；地壳断裂引起升降，造成陡岩，河流流经这里，会形成瀑布；石灰岩地区的暗河从山崖间涌出，会形成瀑布；海浪拍击海岸，迫使河流后退而产生崖壁，会形成瀑布；另外，火山喷发在一定条件下也会形成瀑布。总之，瀑布是地球内营力和外营力综合作用的结果。

知识小链接

黄果树瀑布

黄果树瀑布坐落在贵州省安顺市镇宁布依族、苗族自治县境内，高 77.8 米，其中主瀑高 67 米；瀑布宽为 101 米，其中主瀑顶宽 83.3 米，是中国第一大瀑布。

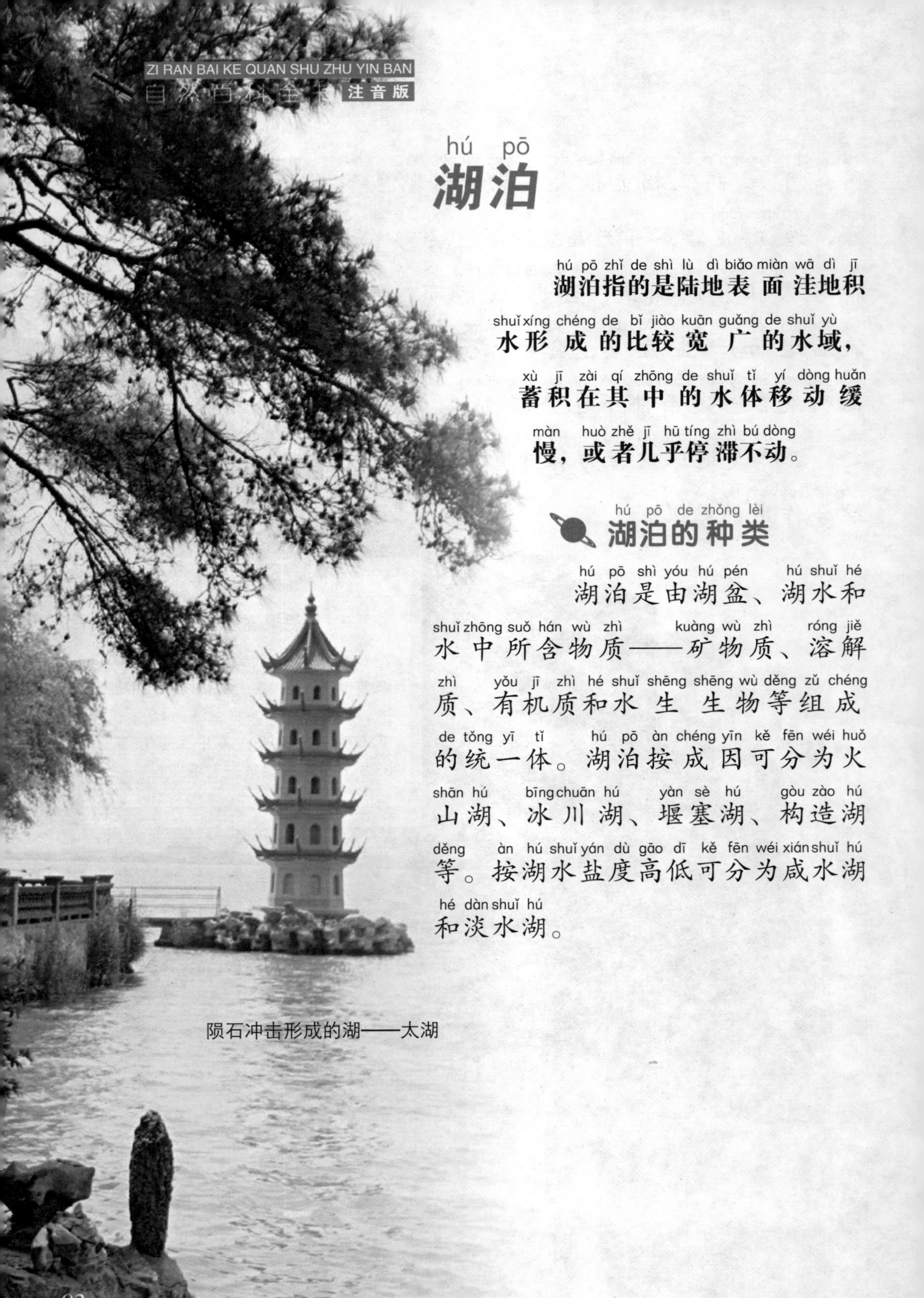

hú pō
湖泊

hú pō zhǐ de shì lù dì biǎo miàn wā dì jī shuǐ xíng chéng de bǐ jiào kuān guǎng de shuǐ yù, xù jī zài qí zhōng de shuǐ tǐ yí dòng huǎn màn, huò zhě jī hū tíng zhì bú dòng.

湖泊指的是陆地表面洼地积水形成的比较宽广的水域，蓄积在其中的水体移动缓慢，或者几乎停滞不动。

hú pō de zhǒng lèi
湖泊的种类

hú pō shì yóu hú pén、hú shuǐ hé shuǐ zhōng suǒ hán wù zhì——kuàng wù zhì、róng jiě zhì、yǒu jī zhì hé shuǐ shēng shēng wù děng zǔ chéng de tǒng yī tǐ。hú pō àn chéng yīn kě fēn wéi huǒ shān hú、bīng chuān hú、yàn sè hú、gòu zào hú děng。àn hú shuǐ yán dù gāo dī kě fēn wéi xián shuǐ hú hé dàn shuǐ hú。

湖泊是由湖盆、湖水和水中所含物质——矿物质、溶解质、有机质和水生生物等组成的统一体。湖泊按成因可分为火山湖、冰川湖、堰塞湖、构造湖等。按湖水盐度高低可分为咸水湖和淡水湖。

陨石冲击形成的湖——太湖

南美洲海拔最高的淡水湖——的的喀喀湖

的的喀喀湖位于南美洲秘鲁和玻利维亚的交界处，面积约为 8330 平方千米。平均深度为 107 米，最大深度有 304 米，是南美洲海拔最高的淡水湖

中国最大的咸水湖——青海湖

青海湖面积为 4340 平方千米，比 4 个死海的面积还要大。青海湖中还有一个大名鼎鼎的鸟岛，离鸟岛不远处还有一个蛋岛

gòu zào hú
构造湖

shì zài dì qiào nèi lì zuò yòng xíng chéng de gòu zào pén dì shang jīng chǔ shuǐ ér xíng chéng
是在地壳内力作用形成的构造盆地上经储水而形成
de hú pō　qí tè diǎn shì hú xíng xiá cháng　shuǐ shēn ér qīng chè　rú yún nán gāo yuán shang
的湖泊。其特点是湖形狭长、水深而清澈，如云南高原上
de diān chí　ěr hǎi hé fǔ xiān hú　qīng hǎi hú　xīn jiāng kā nà sī hú děng
的滇池、洱海和抚仙湖；青海湖、新疆喀纳斯湖等。

yàn sè hú
堰塞湖

yóu huǒ shān pēn chū de yán jiāng　dì zhèn yǐn qǐ de shān bēng hé bīng chuān yǔ ní shí
由火山喷出的岩浆、地震引起的山崩和冰川与泥石
liú yǐn qǐ de huá pō tǐ děng yōng sāi hé chuáng　jié duàn shuǐ liú chū kǒu　qí shàng bù hé
流引起的滑坡体等壅塞河床，截断水流出口，其上部河
duàn jī shuǐ chéng hú　rú wǔ dà lián chí　jìng pō hú děng
段积水成湖。如五大连池、镜泊湖等。

火山口湖——克雷特湖

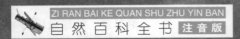

森林

森林是一种重要的自然资源，可以简单地理解为由乔木和灌木以及其他草本植物组成的绿色植物群体。

地球之肺

森林与人类的生活息息相关。地球上的氧气大多数是由植物通过光合作用转化而来的。茂密的树木在进行光合作用时，吸收二氧化碳，释放出大量的氧气。森林就像是地球上一个大型的“空气净化器”，使人类不断地获得新鲜空气。因此，森林享有“地球之肺”的美称。

热带雨林

热带雨林

热带雨林由繁茂的森林植被和丰富的物种组成，分布在亚洲东南部、非洲中部和西部以及南美洲的赤道附近，是地球上一种宝贵的生态系统。

亚热带常绿阔叶林

亚热带常绿阔叶林主要分布在亚热带大陆东岸湿润地区，林相整齐，树冠浑圆，多由常绿高大的植物组成。代表植物有樟科和山茶科等常绿阔叶树。

自然林

温带落叶阔叶林

温带落叶阔叶林主要分布在季相变化十分鲜明的温带地区。树木具有比较宽薄的叶片，秋冬落叶，春夏长叶，故这类森林又叫作夏绿林。部分温带落叶阔叶林地区也有针叶林分布。

cǎo yuán
草原

cǎo yuán shì tǔ dì lèi xíng de yì zhǒng　zhí wù qún luò duō yóu nài hán de hàn shēng duō nián shēng cǎo

草原是土地类型的一种，植物群落多由耐寒的旱生多年生草

běn zhí wù zǔ chéng　shì jù yǒu duō zhǒng gōng néng de zì rán zōng hé tǐ
本植物组成，是具有多种功能的自然综合体。

xíng chéng yuán yīn

形成原因

cǎo yuán chū xiàn yú gè shì gè yàng

草原出现于各式各样

de qì hòu hé dì zhì huán jìng　yě yǔ
的气候和地质环境，也与

xǔ duō bù tóng tǔ rǎng lèi xíng yǒu guān　cǎo
许多不同土壤类型有关。草

yuán de xíng chéng yuán yīn zhǔ yào shì yīn wèi tǔ
原的形成原因主要是因为土

rǎng céng báo huò jiàng shuǐ liàng shǎo　cǎo běn zhí wù
壤层薄或降水量少，草本植物

shòu yǐng xiǎng xiǎo　ér mù běn zhí wù wú fǎ guǎng fàn
受影响小，而木本植物无法广泛生长。

动物的天堂

　　dòng wù　de　tiān táng

　　bù tóng lèi xíng de cǎo yuán qì hòu tiáo jiàn hé dòng zhí wù zhǒng lèi yǒu suǒ bù tóng　dàn

不同类型的草原气候条件和动植物种类有所不同，但

duō shù cǎo yuán shēng zhǎng de dōu shì kě yòng zuò sì liào de cǎo běn hé mù běn zhí wù　mǎng

多数草原生长的都是可用作饲料的草本和木本植物。莽

mǎng de cǎo yuán li　shēng huó zhe zhòng duō shí cǎo dòng wù hé xiōng měng de yě shòu　rú dài

莽的草原里，生活着众多食草动物和凶猛的野兽，如袋

shǔ　dà xiàng　liè gǒu　shī zi děng

鼠、大象、鬣狗、狮子等。

獴长身、长尾、四肢短；主要吃蛇，也猎食蛙、鱼、鸟、鼠、蟹、蜥蜴等动物；多利用树洞、岩隙做窝

澳大利亚草原上最具代表性的动物就是袋鼠，它们主要吃各种杂草和灌木。它们长长的后腿强健而有力，以跳代跑，最高可跳约 4 米，最远可跳约 13 米。雌性袋鼠有育儿袋

píng yuán
平原

lù dì shang hǎi bá zài mǐ zhī jiān dì
陆地上海拔在0～500米之间，地
miàn píng tǎn huò qǐ fú jiào xiǎo fēn bù zài dà hé liǎng àn huò bīn
面平坦或起伏较小，分布在大河两岸或濒
lín hǎi yáng de dì qū bèi chēng wéi píng yuán quán qiú de lù
临海洋的地区，被称为平原。全球的陆
dì miàn jī yuē yǒu shì píng yuán wèi yú nán měi zhōu zhōng
地面积约有1/4是平原。位于南美洲中
bù de yà mǎ sūn píng yuán shì shì jiè shang zuì dà de píng yuán
部的亚马孙平原是世界上最大的平原。

平原上的小麦

duī jī píng yuán
堆积平原

dì qiào cháng qī de dà miàn jī xià chén huì shǐ dì miàn yīn bú duàn de jiē shòu gè zhǒng
地壳长期的大面积下沉，会使地面因不断地接受各种
bù tóng chéng yīn de duī jī wù de bǔ cháng ér xíng chéng píng yuán zhè zhǒng píng yuán jiào duī jī
不同成因的堆积物的补偿而形成平原，这种平原叫堆积
píng yuán duī jī píng yuán duō chǎn shēng yú hǎi miàn hé miàn hú miàn děng duī jī jī miàn fù
平原。堆积平原多产生于海面、河面、湖面等堆积基面附
jìn gēn jù duī jī píng yuán de chéng yīn yòu kě jiāng qí fēn wéi hóng jī píng yuán chōng jī píng
近。根据堆积平原的成因又可将其分为洪积平原、冲积平
yuán hǎi jī píng yuán hú jī píng yuán bīng chuān duī jī píng yuán hé bīng shuǐ duī jī píng yuán děng
原、海积平原、湖积平原、冰川堆积平原和冰水堆积平原等。

欧洲平原

侵蚀平原

一些因风力、流水、冰川等外力的不断剥蚀、切割而成的地面起伏明显的平原被称为侵蚀平原，也叫石质平原。这种平原的地表土层较薄，上面有很多风化后的残积物，像沙砾、石块等。

中国的平原

东北平原、华北平原、长江中下游平原是我国的三大平原，其中最大的是东北平原。除了三大平原外，我国还有一些零星分布的小平原，如四川盆地中的成都平原、珠江三角洲平原等，这些平原一般都是冲积平原。

高原

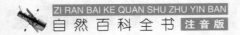

一些面积较大、地形开阔、顶面起伏较小、外围又较陡的高地通常被称为高原。

gāo yuán de fēn bù

高原的分布

高原的平均海拔多在500米以上，大多数的高原表面宽广平坦，地势起伏不大；一部分高原则有奇峰峻岭，地势变化较大。

dōng fēi gāo yuán

东非高原

东非高原位于非洲东部，面积约为100万平方千米，平均海拔1200米左右，是非洲湖泊最集中的地区，素有“湖泊高原”之称。

东非高原上的犀牛

青藏高原

qīng zàng gāo yuán wèi yú zhōng guó xī nán bù　shì

青藏高原位于中国西南部，是
yóu yí xì liè gāo dà de shān mài zǔ chéng de　hǎi bá
由一系列高大的山脉组成的，海拔
mǐ　shì mù qián shì jiè shang hǎi
4000～5000米，是目前世界上海
bá zuì gāo de gāo yuán　yǒu　shì jiè wū jǐ　dì
拔最高的高原，有“世界屋脊”“地
qiú dì sān jí　zhī chēng
球第三极”之称。

青藏高原上的藏羚羊

黄土高原

huáng tǔ gāo yuán wèi yú zhōng guó de zhōng bù piān běi dì qū　dì miàn de huáng tǔ hòu

黄土高原位于中国的中部偏北地区，地面的黄土厚
dù zài　mǐ zhī jiān　shì shì jiè shang zuì dà de huáng tǔ chén jī qū　qí dì
度在50～80米之间，是世界上最大的黄土沉积区，其地
biǎo qiān gōu wàn hè　shuǐ tǔ liú shī bǐ jiào yán zhòng
表千沟万壑，水土流失比较严重。

黄土高原

盆地

盆地是一种四周高、中部低的地形，看起来就像一个放在地上的大盆。地壳的运动和风、雨水等的侵蚀是盆地形成的主要原因。

构造盆地

地壳不断运动的时候，地下的岩层受到挤压，使有些下降的部分被隆起的部分包围着，形成了一种看起来像放在地上的盆子一样的地形，这叫作构造盆地。

侵蚀盆地

一些地面因为强风把地表的沙石吹走，形成了碟状的风蚀洼地；或者是雨水、河流的长久侵蚀使地面形成了各种大小不同的侵蚀河谷，这叫作侵蚀盆地。

刚果盆地

刚果盆地是世界上最大的盆地，又称扎伊尔盆地，位于非洲中西部，呈方形，赤道横贯其中部，面积约337万平方千米。

刚果盆地

tǔ lǔ fān pén dì## 吐鲁番盆地

wǒ guó tǔ lǔ fān pén dì shì shì jiè shang hǎi

我国吐鲁番盆地是世界上海
bá zuì dī de pén dì dà bù fen dì miàn zài hǎi
拔最低的盆地，大部分地面在海
bá mǐ yǐ xià yǒu xiē dì fang bǐ hǎi píng
拔500米以下，有些地方比海平
miàn hái dī
面还低。

吐鲁番盆地

dà zì liú pén dì

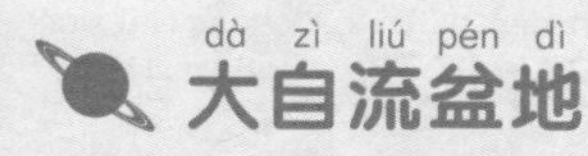

大自流盆地

zài ào dà lì yà dà lù zhōng bù piān dōng

在澳大利亚大陆中部偏东
de yán céng shang fù gài zhe bú tòu shuǐ céng dōng bù duō yǔ xíng chéng shòu shuǐ qū dì
的岩层上，覆盖着不透水层，东部多雨，形成受水区，地
xià shuǐ liú yǐ měi nián mǐ de sù dù liú xiàng xī bù shǎo yǔ dì qū chéng yā shuǐ
下水流以每年11～16米的速度流向西部少雨地区。承压水
tòu guò zuàn jǐng huò tiān rán quán yǎn děng yǒng chū dì
透过钻井或天然泉眼等涌出地
biǎo zì liú pén dì yīn cǐ ér dé míng dà zì
表，自流盆地因此而得名。大自
liú pén dì chéng qiǎn dié xíng miàn jī yuē wéi
流盆地呈浅碟形，面积约为177
wàn píng fāng qiān mǐ shì shì jiè shang zuì dà de
万平方千米，是世界上最大的
zì liú pén dì ào dà lì yà de xù mù yè fā
自流盆地。澳大利亚的畜牧业发
zhǎn dé yì yú zhè zhǒng dé tiān dú hòu de dì xíng
展得益于这种得天独厚的地形。

大自流盆地

沼泽

沼泽是指地表过湿或者有季节性积水，土壤水分几达饱和，生长有喜湿性和喜水性沼生植物的地段。

沼泽的形成原因

沼泽像一个大池塘，里面充满了软软的泥浆，常出现在森林、湖泊、草地、河流沿岸等低洼地方。

流入湖泊的河水带来了大量泥沙，使得湖泊越来越浅，慢慢地，水草也长出了水面，湖泊就渐渐变成了水草茂密的沼泽。在森林里，地面上堆有厚厚的落叶，下雨后地面非常潮湿，常年不会变干，渐渐也成了沼泽。另外，高山积雪融化等情况也有可能使一个地方变成沼泽。

美丽的沼泽

沼泽中的鹿

沼泽里的动物

热带、亚热带地区的沼泽里生活着“爬虫类之王”——鳄鱼。鳄鱼通常耳目灵敏、凶猛不驯，经常在水下活动，只将眼鼻露出水面。

沼泽是鸟类理想的栖息地，有一种红嘴白鹭就喜欢栖息在沼泽地带，它们主要以各种小型鱼类为食，有时也吃虾、蟹、蝌蚪等。

沼泽里的植物

芦苇茎秆挺直，地下有发达的匍匐根状茎，是择水而生的植物，在沼泽地区常常形成大片的芦苇塘。

鳄鱼

芦苇

沙漠

沙漠是指地面完全被沙所覆盖、植物非常稀少、雨水稀少、空气干燥的荒芜地区。

世界上最大的沙漠——撒哈拉沙漠

沙漠的形成

沙漠大多分布在南北纬度15度～35度之间的信风带。这些地方气压高、天气稳定，风总是从陆地吹向海洋，海上的潮湿空气却进不到陆地上，因此雨量极少，非常干旱。

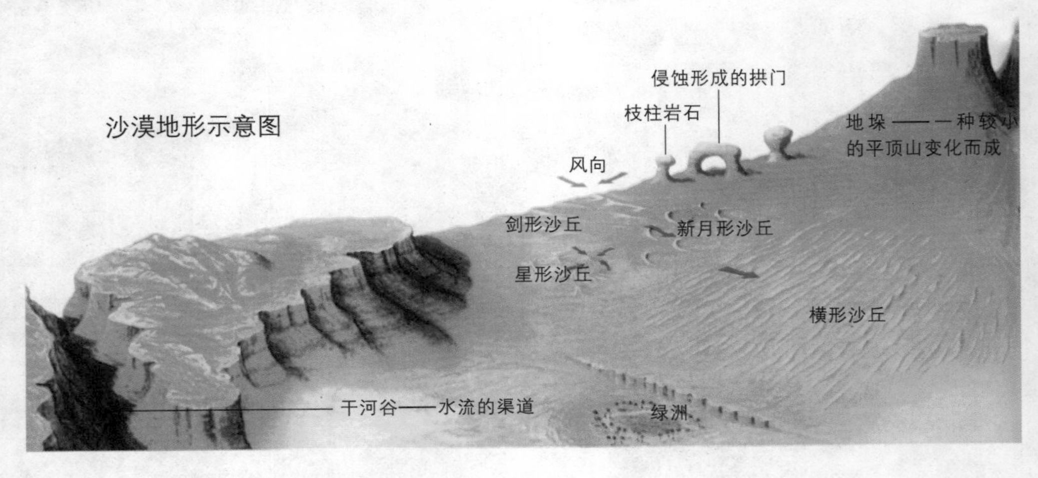

沙漠地形示意图

dì miàn shang de yán shí jīng fēng huà hòu xíng chéng xì xiǎo de shā lì shā lì suí fēng piāo yáng
地面上的岩石经风化后形成细小的沙粒，沙粒随风飘扬，
duī jī qǐ lái jiù xíng chéng le shā qiū shā qiū guǎng bù jiù biàn chéng le hào hàn de shā
堆积起来，就形成了沙丘。沙丘广布，就变成了浩瀚的沙
mò yǒu xiē dì fang yán shí fēng huà de sù dù jiào màn xíng chéng dà piàn lì shí
漠。有些地方岩石风化的速度较慢，形成大片砾石。

shā mò de tè zhēng
沙漠的特征

shā mò dì qū nián wēn chā kě dá rì wēn chā gèng dà xià
沙漠地区年温差可达30℃～50℃，日温差更大，夏
tiān wǔ jiān dì miàn wēn dù kě dá yǐ shàng yè jiān de wēn dù zé jiàng dào yǐ
天午间地面温度可达60℃以上，夜间的温度则降到10℃以
xià shā mò dì qū qiáng dà de fēng juǎn qǐ dà liàng fú shā xíng chéng xiōng měng de fēng shā
下。沙漠地区强大的风卷起大量浮沙，形成凶猛的风沙
liú bú duàn chuī shí dì miàn shǐ dì mào fā shēng jí jù biàn huà
流，不断吹蚀地面，使地貌发生急剧变化。

智利阿塔卡玛沙漠

沙尘暴

知识小链接

沙尘暴

沙尘暴是指强风把地面大量沙尘物质吹起并卷入空中，使空气特别浑浊，水平能见度小于1000米的严重风沙天气现象。

溶洞

溶洞是因地下水沿可溶性岩的裂隙溶蚀扩张而形成的地下洞穴，规模大小不一，大的可容纳千人以上。溶洞中有许多奇特景观，如石笋、石柱、石钟乳、石幔等。

溶洞产生的原因

溶洞的形成，可以从一个简单的实验说起。用一根塑料管插入一杯澄清的石灰水里，通过管子吹气，不一会儿杯内的水就变得混浊。但当你继续吹气时，溶液又变得澄清了。原来，开始吹出的气是二氧化碳，它同石灰水里的氢

芦笛岩盘龙宝塔

知识小链接

钟乳石和石笋

在溶洞中，溶解了碳酸钙的地下水沿着溶洞顶部的裂缝向下流的时候，有一部分碳酸钙在裂缝的出口处沉积了下来，时间久了就长成了冰柱一般的钟乳石。而另外一部分没有沉积的碳酸钙，随着滴落的水落到了地上，越积越高，从而变成石笋。

^{yǎng huà gài chǎn shēng huà xué fǎn yìng} ^{shēng chéng bù róng yú shuǐ de}
氧化钙产生化学反应，生成不溶于水的

^{tàn suān gài} ^{shǐ chéng qīng de shí huī shuǐ biàn hùn zhuó} ^{zhè shí}
碳酸钙，使澄清的石灰水变混浊。这时

^{zài chuī qì} ^{chuī chū de èr yǎng huà tàn yòu shǐ tàn suān gài zài shuǐ}
再吹气，吹出的二氧化碳又使碳酸钙在水

^{zhōng biàn chéng kě róng de tàn suān qīng gài le} ^{zhè ge shí yàn guò}
中变成可溶的碳酸氢钙了。这个实验过

^{chéng zhōng de huà xué biàn huà} ^{zhèng shì shí huī yán róng dòng chǎn}
程中的化学变化，正是石灰岩溶洞产

^{shēng de yuán yīn}
生的原因。

云水洞

七星岩

岛屿

岛屿是指四面环水并在涨潮时高于水面的自然形成的陆地区域。海洋中的岛屿面积大小不一，小的可能不足1平方千米，称“屿”；大的可达几百万平方千米，称“岛”。

岛屿群的称呼

在狭小的地域范围内集中2个以上的岛屿，即形成“岛屿群”，大规模的岛屿群则被称作“群岛”或“诸岛”，列状排列的群岛即为“列岛”。如果一个国家的整个国土都坐落在一个或数个岛之上，则此国家可以被称为岛屿国家，简称“岛国”。

岛屿的分类

海水上升或者大陆下沉时，有一部分陆地被海水分开而成为岛屿，这种岛屿被称为大陆岛。

yǒu xiē hé liú zhōng hán yǒu dà liàng de ní shā
有些河流中含有大量的泥沙，
zhè xiē ní shā jīng duō nián chén jī miàn jī zhú nián kuò
这些泥沙经多年沉积，面积逐年扩
dà zuì hòu màn màn xíng chéng le dǎo yǔ zhè zhǒng
大，最后慢慢形成了岛屿，这种
dǎo yǔ jiào zuò chōng jī dǎo
岛屿叫作冲积岛。

hǎi dǐ huǒ shān pēn fā hòu yì xiē huǒ shān
海底火山喷发后，一些火山
pēn fā wù huì dà miàn jī duī jī ér xíng chéng dǎo
喷发物会大面积堆积而形成岛
yǔ zhè zhǒng dǎo yǔ jiào zuò huǒ shān dǎo
屿，这种岛屿叫作火山岛。

miàn jī jiào xiǎo duō fēn bù zài hǎi yáng
面积较小，多分布在海洋
zhōng shuǐ jiào qiǎn de dì fang huò miàn jī jiào dà de dǎo
中水较浅的地方或面积较大的岛
de zhōu wéi duō yóu shān hú chóng de shī tǐ huò zhě
的周围，多由珊瑚虫的尸体或者
yì xiē zǎo lèi zhí wù fēn mì de shí huī shí duī jī
一些藻类植物分泌的石灰石堆积
ér chéng de dǎo yǔ jiào zuò shān hú dǎo
而成的岛屿叫作珊瑚岛。

yán shí
岩石

花岗岩

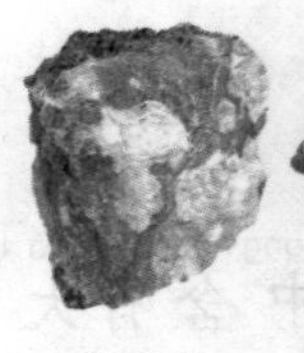
大理石

石灰岩

红砂岩

yán shí shì gù tài kuàng wù huò kuàng wù de hùn hé wù shì yóu yì zhǒng huò duō zhǒng kuàng wù zǔ chéng de jù yǒu yí dìng jié gòu gòu zào de jí hé tǐ yě yǒu shǎo shù bāo hán yǒu shēng wù de yí hái huò yí jì huà shí

岩石是固态矿物或矿物的混合物，是由一种或多种矿物组成的，具有一定结构构造的集合体，也有少数包含有生物的遗骸或遗迹（化石）。

yán shí de xíng chéng
岩石的形成

dì qiào chǔ yú huǎn màn de yùn dòng zhī zhōng zhèng shì zhè zhǒng yùn dòng gǎi biàn zhe gòu chéng dì qiú biǎo miàn de yán shí de xíng tài gāo shān shòu jǐ yā sǒng qǐ yòu jīng fēng huà fǔ shí fēn jiě chéng shā lì suì xiè zhè xiē wù zhì duī jī qǐ lái xíng chéng qí tā zhǒng lèi de yán shí zhè xiē yán shí kě néng huì chén rù dì màn zài gāo wēn xià róng huà huǒ shān pēn fā shí róng huà de yán shí yǐ yán jiāng xíng shì bèi pēn dào dì miàn róng yán lěng què níng gù hòu yòu biàn chéng yán shí yán shí yòu huì bèi fēng huà fēn jiě kāi shǐ xià yí gè xún huán zhōu qī

地壳处于缓慢的运动之中，正是这种运动改变着构成地球表面的岩石的形态。高山受挤压耸起，又经风化腐蚀，分解成沙砾、碎屑，这些物质堆积起来，形成其他种类的岩石。这些岩石可能会沉入地幔，在高温下熔化。火山喷发时，熔化的岩石以岩浆形式被喷到地面，熔岩冷却凝固后又变成岩石。岩石又会被风化、分解，开始下一个循环周期。

yán jiāng yán
岩浆岩

yán jiāng yán yě chēng huǒ chéng yán shì lái zì dì qiú nèi bù de róng róng wù zhì shì zài

岩浆岩也称火成岩，是来自地球内部的熔融物质，是在

yí dìng dì zhì tiáo jiàn xià lěng què níng gù ér
一定地质条件下冷却凝固而
chéng de yán shí　róng jiāng yóu huǒ shān tōng dào
成的岩石。熔浆由火山通道
pēn yì chū dì biǎo níng gù xíng chéng de yán shí
喷溢出地表凝固形成的岩石，
chēng pēn chū yán huò huǒ shān yán
称喷出岩或火山岩。

黑曜岩　板岩　砾岩

##沉积岩
chén jī yán

chén jī yán yě chēng shuǐ chéng yán　shì zài
沉积岩也称水成岩，是在
dì biǎo cháng wēn　cháng yā tiáo jiàn xià　yóu fēng huà
地表常温、常压条件下，由风化
wù zhì　huǒ shān suì xiè　yǒu jī wù jí shǎo liàng
物质、火山碎屑、有机物及少量
yǔ zhòu wù zhì jīng bān yùn　chén jī hé chéng yán zuò
宇宙物质经搬运、沉积和成岩作
yòng xíng chéng de céng zhuàng yán shí
用形成的层状岩石。

岩浆岩

##变质岩
biàn zhì yán

biàn zhì yán shì huǒ chéng yán　chén jī yán zài
变质岩是火成岩、沉积岩在
gāo wēn hé gāo yā de zuò yòng xià　gòu zào hé chéng fèn
高温和高压的作用下，构造和成分
shang fā shēng biàn huà ér xíng chéng de yán shí
上发生变化而形成的岩石。

变质岩

tǔ rǎng
土壤

tǔ rǎng shì dì qiú biǎomiàn de yì céngshūsōng wù zhì yóu gè zhǒng kē lì zhuàngkuàng wù zhì
土壤，是地球表面的一层疏松物质，由各种颗粒状矿物质、
yǒu jī wù zhì shuǐ fèn kōng qì wēishēng wù děng zǔ chéng qí shàngnéng shēng zhǎng zhí wù
有机物质、水分、空气、微生物等组成，其上能生长植物。

tǔ rǎng de xíng chéng
土壤的形成

tǔ rǎng de chuàng zào zhě shì shēng wù yán shí zài qiān bǎi nián lái fēng chuī yǔ
土壤的“创造者”是生物。岩石在千百年来风吹、雨
lín de zuò yòng xià mànmàn fěn suì biànchéng suì shí shā lì hé xì tǔ jí chéng tǔ mǔ
淋的作用下慢慢粉碎，变成碎石、沙粒和细土，即成土母
zhì yì xiē zuì jiǎn dān de wēi shēng wù yǐ jí yì xiē zhí wù kāi shǐ zài zhè zhǒng tǔ zhì zhōng
质。一些最简单的微生物以及一些植物开始在这种土质中
shēng zhǎng xiāo wáng wèi chéng tǔ mǔ zhì tí gōng féi lì bìng shǐ qí zhú jiàn biàn chéng tǔ rǎng
生长消亡，为成土母质提供肥力，并使其逐渐变成土壤。

hēi tǔ rǎng
黑土壤

hēi sè tǔ rǎng tōng cháng bèi jiǎn chēng wéi hēi tǔ tā fēn bù guǎng fàn féi lì
黑色土壤通常被简称为“黑土”，它分布广泛，肥力
zuì gāo dàn lí mǐ hòu de hēi tǔ xū yào nián cái néng xíng chéng
最高，但1厘米厚的黑土需要200～400年才能形成。

黑土　　　　黄土　　　　红土

huáng tǔ rǎng
黄土壤

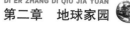

huáng tǔ rǎng duō fēn bù zài qì hòu gān hàn dì qū，duō yóu huáng sè de nián tǔ hé fěn shā、xì lì zǔ chéng，tǔ zhì shū sōng，duō kǒng，yì bèi liú shuǐ qīn shí。

黄土壤多分布在气候干旱地区，多由黄色的黏土和粉砂、细粒组成，土质疏松，多孔，易被流水侵蚀。

hóng tǔ rǎng
红土壤

hóng tǔ rǎng cháng jiàn yú gāo wēn、gāo shī dì qū，huò zhě shuǐ tǔ liú shī yán zhòng de qiū líng dì qū。yīn wèi hóng rǎng de suān xìng qiáng，tǔ zhì nián zhòng，suǒ yǐ féi lì jiào chà。

红土壤常见于高温、高湿地区，或者水土流失严重的丘陵地区。因为红壤的酸性强，土质黏重，所以肥力较差。

石油和天然气

天然气和石油一样，都是重要的燃料和化工原料，形成过程也类似，只是它们一个是气体，一个是液体。

形成的过程

古时候，地面上的树木繁盛，还有成群的动物，由于环境、地壳的变化，这些生物和泥沙一起沉积在湖泊和海洋中，形成了水底淤泥，而且越积越厚，最终使淤泥与空气隔绝，避免了与氧气发生作用而腐烂。地层内的温度很高，而且又有很大的压力，加上细菌的分解作用，最后使这些生物遗体变成了石油或天然气。

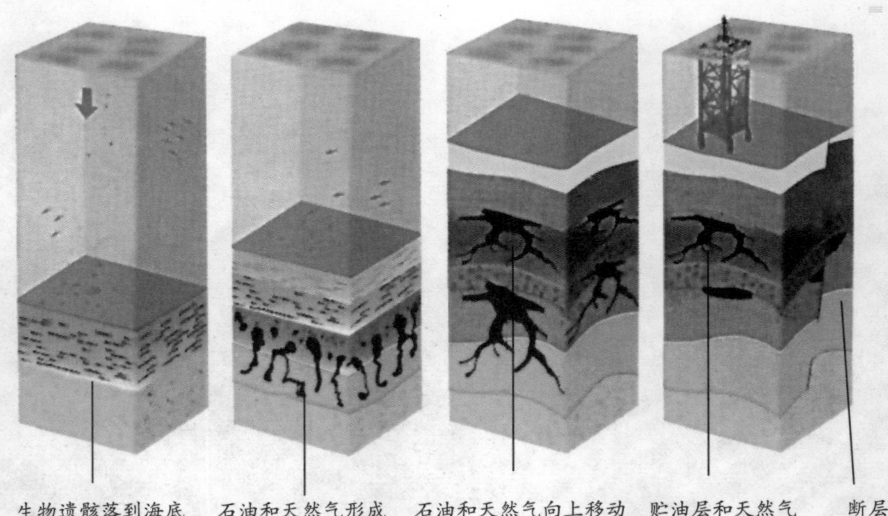

石油

石油的用途十分广泛，经过炼制可以分离出汽油、煤油和柴油等燃料油品和多种化工产品，被人们称为“黑色的金子”。

天然气

天然气的主要成分是甲烷。我们经常可以发现野外水沟里有淤泥的地方会冒气泡，那些气泡里的气体就是甲烷。

煤

煤是古代植物埋藏在地下经历了复杂的生物化学和物理化学变化，逐渐形成的固体可燃性矿物。

煤的历史

煤是我们生活中重要的能源，它的形成经历了漫长的过程。煤形成前，由于气候条件适宜，地面上到处生长着茂密的植物，到处是成片的森林，海滨和内陆湖里生长着大量的低等植物。后来，由于地壳的剧烈运动，这些植物一批批地被埋在低凹地区、湖里或者海洋的边缘地带。

被泥沙掩埋的植物长期受压力、地下热力和细菌的作用，所含的氧、氮以及其他挥发性物质等都慢慢地“跑”掉了，所剩下的大多是“碳”。最先形成的物质是泥炭，随着

黑色的烟煤可燃烧发电

无烟煤提供的热量多，烟尘少

shí jiān de tuī yí　shòu gè zhǒng zuò yòng de yǐng xiǎng　tàn de bǐ lì jì xù zēng gāo　jiù
时间的推移，受各种作用的影响，碳的比例继续增高，就
zhú jiàn biàn chéng hè méi　yān méi hé wú yān méi
逐渐变成褐煤、烟煤和无烟煤。

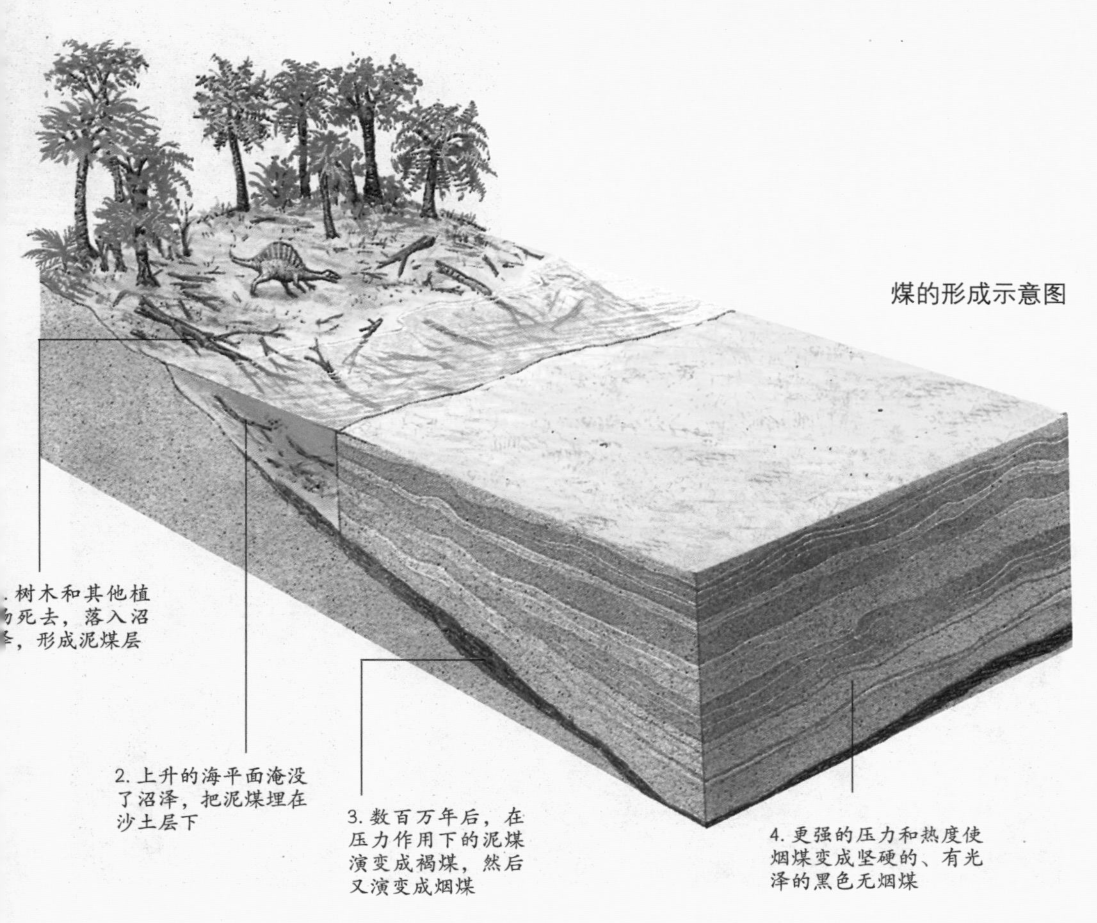
树木和其他植
死去，落入沼
，形成泥煤层
2. 上升的海平面淹没了沼泽，把泥煤埋在沙土层下
3. 数百万年后，在压力作用下的泥煤演变成褐煤，然后又演变成烟煤
4. 更强的压力和热度使烟煤变成坚硬的、有光泽的黑色无烟煤

煤的形成示意图

dì zhèn
地震

dì zhèn shì dì qiào kuài sù shì fàng néng liàng qī jiān chǎn shēng dì zhèn bō de yì zhǒng zì rán

地震是地壳快速释放能量期间产生地震波的一种自然
xiàn xiàng
现象。

gòu zào dì zhèn

构造地震

shì jiè shang cì shù zuì duō yǐng xiǎng fàn

世界上次数最多、影响范
wéi jiào guǎng de shì gòu zào dì zhèn tā shì dì
围较广的是构造地震。它是地
qiú de nèi lì zuò yòng děng yǐn qǐ de dì céng duàn
球的内力作用等引起的地层断
liè hé cuò dòng shǐ dì qiào fā shēng shēng jiàng biàn
裂和错动，使地壳发生升降变
huà jù dà de néng liàng yì jīng shì fàng bèi jī
化。巨大的能量一经释放，被激
fā chū lái de dì zhèn bō jiù sì sàn chuán bō kāi
发出来的地震波就四散传播开
qù dào dá dì miàn shí yǐn qǐ qiáng liè de
去，到达地面时，引起强烈的
zhèn dòng
震动。

美国洛杉矶地震

世界地震带分布图

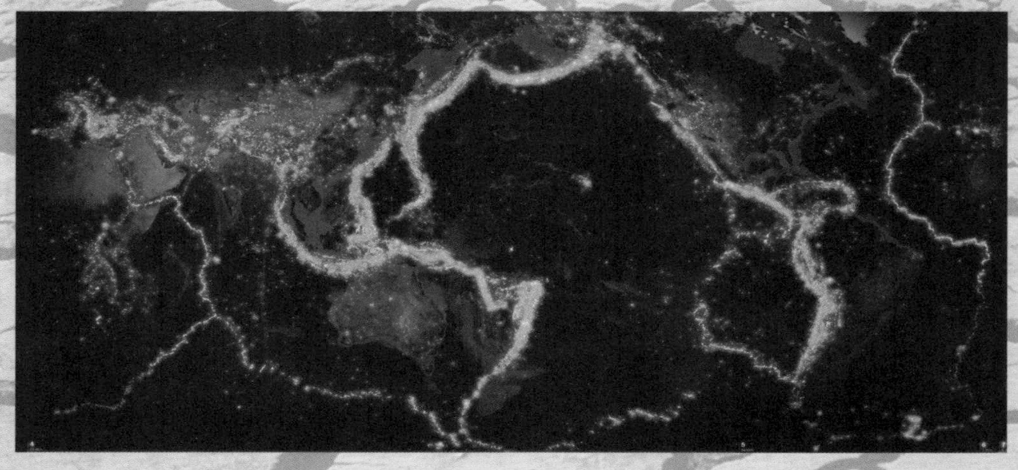

地震的地理分布

地震的地理分布受一定的地质条件限制，具有一定的规律。地震大多发生在地壳不稳定的部位。特别是板块之间的消亡地带，容易形成地震活跃的地震带。全世界主要有三个地震带：环太平洋地震带、欧亚地震带、大洋中脊地震带。中国的地震带主要分布在台湾地区、西南地区、西北地区、华北地区、东南沿海地区等。

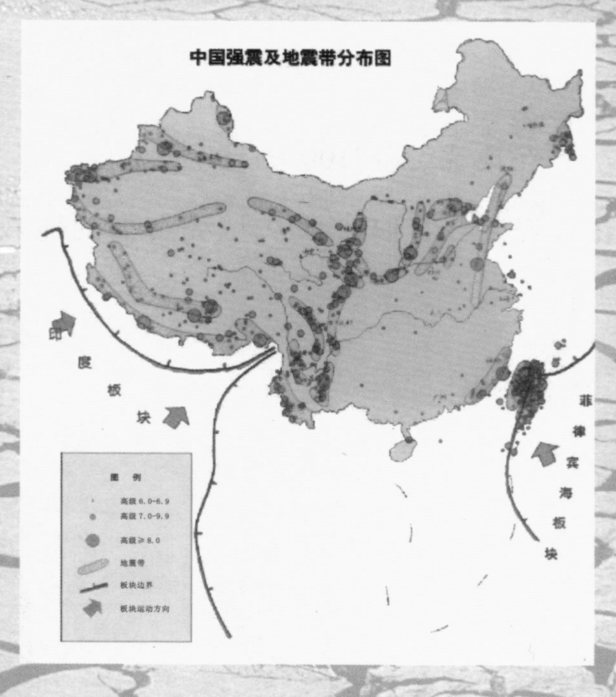

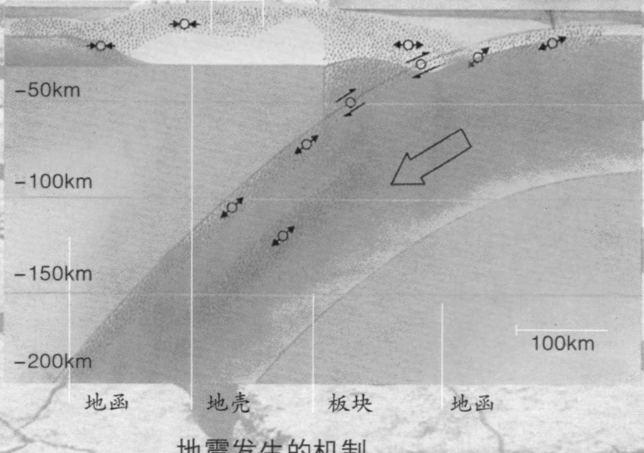

地震发生的机制

日本东北部的剖面图，海侧的板块在日本海沟的部位，潜入大陆侧的板块下方，该交界处经常发生地震

火山

在地壳之下100～150千米处，有一个“液态区”，区内存在着岩浆，它们一旦从地壳薄弱的地段冲出地表，就形成了火山。

火山的种类

火山可分为活火山、死火山和休眠火山三类。现在还活动的火山是活火山。死火山是指史前有过活动，但历史上无喷发记载的火山。休眠火山是指在历史上有过活动的记载，但后来一直没有活动的火山。休眠火山可能会突然“醒来”，成为活火山。

火山的分布

板块构造理论被建立以来，很多学者根据板块理论建立了全球火山模式，认为大多数火山都分布在板块边界上，少数火山分布在板块内。前者构成了四大火山带，即环太平洋火山带、大洋中脊火山带、东非裂谷火山带和阿尔卑斯—喜马

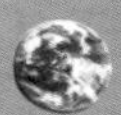

lā yǎ huǒ shān dài
拉雅火山带。

火山喷发的两面性

měng liè de huǒ shān pēn fā huì tūn shì

猛烈的火山喷发会吞噬、

cuī huǐ dà piàn tǔ dì bǎ dà pī shēng mìng
摧毁大片土地，把大批生命、

cái chǎn shāo wéi huī jìn kě lìng rén jīng yà de
财产烧为灰烬。可令人惊讶的

shì huǒ shān suǒ zài dì wǎng wǎng shì rén yān
是，火山所在地往往是人烟

chóu mì de dì qū rì běn de fù shì huǒ shān
稠密的地区，日本的富士火山

hé yì dà lì de wéi sū wēi huǒ shān zhōu wéi jiù
和意大利的维苏威火山周围就

shì zhè yàng yuán lái huǒ shān pēn fā chū lái
是这样。原来，火山喷发出来

de huǒ shān huī shì hěn hǎo de tiān rán féi liào
的火山灰是很好的天然肥料，

suǒ yǐ fù shì shān dì qū de sāng shù zhǎng de tè bié
所以富士山地区的桑树长得特别

hǎo zhè yǒu lì yú fā zhǎn yǎng cán yè wéi
好，这有利于发展养蚕业；维

sū wēi huǒ shān dì qū zé shèng chǎn pú tao
苏威火山地区则盛产葡萄。

cǐ wài huǒ shān dì qū jǐng xiàng qí tè
此外，火山地区景象奇特，

wǎng wǎng chéng wéi lǚ yóu shèng dì
往往成为旅游胜地。

火山植物

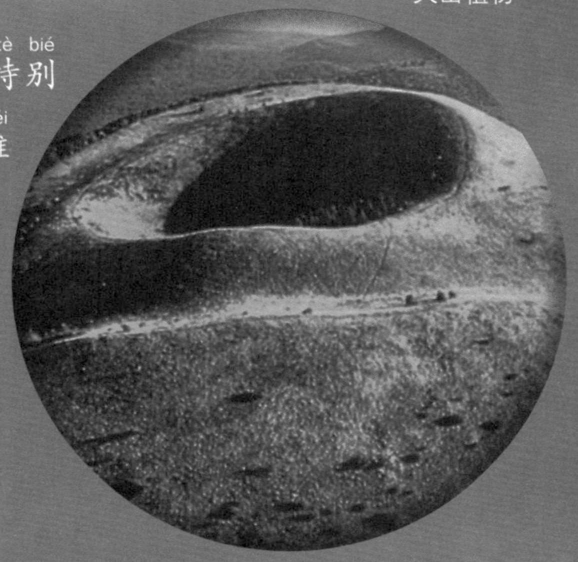

法国奥弗涅火山锥

huá pō hé ní shí liú
滑坡和泥石流

huá pō ní shí liú dōu shì shān qū cháng jiàn de zì rán dì zhì xiàn xiàng dōu huì duì rén mín de shēng mìng cái chǎn shēng chǎn huó dòng yǐ jí zì rán huán jìng zào chéng hěn dà de wēi hài yóu qí shì ní shí liú wēi hài gèng dà
滑坡、泥石流都是山区常见的自然地质现象，都会对人民的生命财产、生产活动以及自然环境造成很大的危害，尤其是泥石流，危害更大。

huá pō
滑坡

huá pō shì zhǐ shān pō shòu dào hé liú chōng shuā jiàng yǔ dì zhèn rén lèi gōng chéng kāi wā děng yīn sù de yǐng xiǎng shàng miàn de tǔ céng huò yán céng zhěng tǐ de huò zhě fēn sàn de shùn xié pō xiàng xià huá dòng de xiàn xiàng
滑坡是指山坡受到河流冲刷、降雨、地震、人类工程开挖等因素的影响，上面的土层或岩层整体地或者分散地顺斜坡向下滑动的现象。

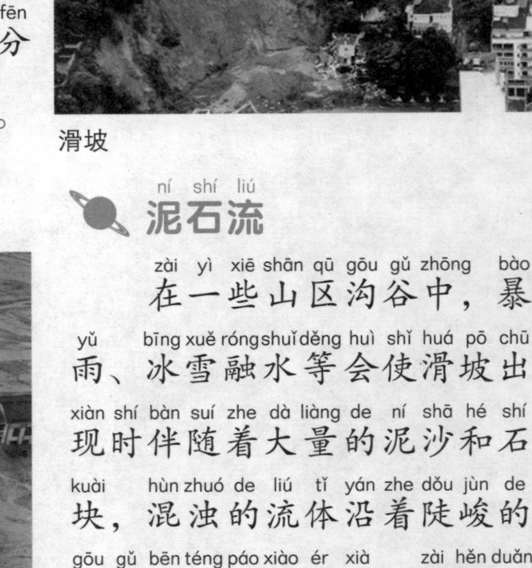

滑坡

ní shí liú
泥石流

zài yì xiē shān qū gōu gǔ zhōng bào yǔ bīng xuě róng shuǐ děng huì shǐ huá pō chū xiàn shí bàn suí zhe dà liàng de ní shā hé shí kuài hùn zhuó de liú tǐ yán zhe dǒu jùn de gōu gǔ bēn téng páo xiào ér xià zài hěn duǎn de shí jiān nèi màn liú duī jī zhè zhǒng xiàn xiàng jiù shì ní shí liú
在一些山区沟谷中，暴雨、冰雪融水等会使滑坡出现时伴随着大量的泥沙和石块，混浊的流体沿着陡峻的沟谷奔腾咆哮而下，在很短的时间内漫流堆积，这种现象就是泥石流。

泥石流

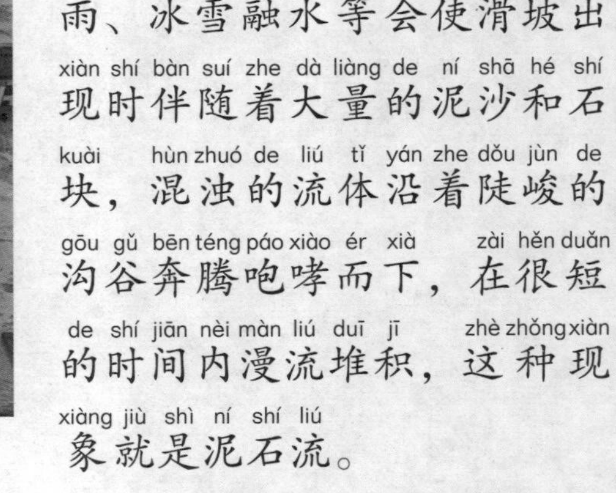

泥石流

知识小链接

滑坡和泥石流的区别

滑坡和泥石流都是山体向下滑落的运动，但二者又有所不同。滑坡可以是土和水的混合体运动，也可以是单独的土体运动，不一定需要水的参与。但泥石流是土、石块和水混合的运动过程，必须有水的参与。

二者的危害

滑坡会掩埋农田、建筑物和道路；泥石流能在很短的时间内，用数十万乃至数百万立方米的物质，堵塞江河，摧毁城镇和村庄，破坏森林、农田、道路，对人民的生命财产、生产活动以及自然环境造成很大的危害。

怎么应对泥石流

泥石流不同于滑坡、山崩和地震，它是流动的，冲击和搬运能力很大。所以，当泥石流发生时，不能沿沟向下或向上跑，而应向两侧山坡上跑，离开沟道、河谷地带，但注意不要在土质松软、土体不稳定的斜坡停留，以免斜坡失稳下滑，应在基底稳固又较为平缓的地方停留。

hǎi xiào
海啸

hǎi xiào shì yì zhǒng zāi nàn xìng de hǎi làng tōng cháng yóu zhèn yuán zài hǎi dǐ xià qiān mǐ yǐ
海啸是一种灾难性的海浪，通常由震源在海底下50千米以
nèi lǐ shì zhèn jí yǐ shàng de hǎi dǐ dì zhèn yǐn qǐ
内、里氏震级6.5以上的海底地震引起。

hǎi xiào de fēn lèi
海啸的分类

hǎi xiào àn chéng yīn kě fēn wéi sān lèi dì zhèn hǎi
海啸按成因可分为三类：地震海
xiào huǒ shān hǎi xiào huá pō hǎi xiào
啸、火山海啸、滑坡海啸。
dì zhèn hǎi xiào shì hǎi dǐ fā shēng dì zhèn
地震海啸是海底发生地震
shí hǎi dǐ dì xíng jí jù shēng jiàng biàn
时，海底地形急剧升降变
dòng ér yǐn qǐ de hǎi shuǐ qiáng liè rǎo dòng
动而引起的海水强烈扰动。

海啸

hǎi xiào de wēi hài
海啸的危害

hǎi xiào fā shēng shí zhèn dàng bō
海啸发生时，震荡波
zài hǎi miàn shang yǐ bú duàn kuò dà de yuán
在海面上以不断扩大的圆

海啸

圈，传播到很远的地方。它以每小时600～1000千米的高速，在毫无阻拦的洋面上驰骋1万～2万千米的路程，掀起10～40米高的拍岸巨浪，吞没所能波及的一切，有时最先到达海岸的海啸可能是波谷，水位就会下落，暴露出浅滩海底；几分钟后波峰到来，一退一进间，造成毁灭性的破坏。

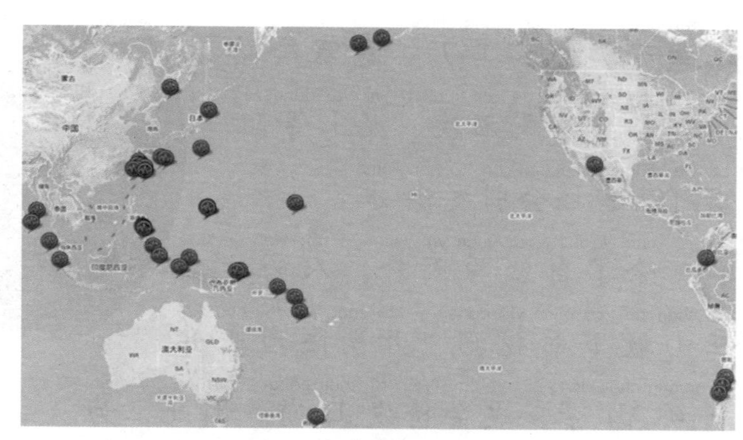
海啸分布图

山崩和雪崩

shān bēng shì yì zhǒng yóu dì zhèn shuǐ shí jí yán shí de fēng huà bào yǔ de qīn xí děng yòu

山崩是一种由地震、水蚀及岩石的风化、暴雨的侵袭等诱

fā de zì rán zāi hài ér dāng shān pō jī xuě nèi bù de nèi jù lì kàng jù bu liǎo jī xuě suǒ shòu dào
发的自然灾害。而当山坡积雪内部的内聚力抗拒不了积雪所受到

de zhòng lì lā yǐn shí jī xuě biàn xiàng xià huá dòng yǐn qǐ dà liàng xuě tǐ bēng tā rén men bǎ
的重力拉引时，积雪便向下滑动，引起大量雪体崩塌，人们把

zhè zhǒng zì rán xiàn xiàng chēng zuò xuě bēng
这种自然现象称作雪崩。

shān bēng de wēi hài hé zhì lǐ

山崩的危害和治理

山崩经常发生在地形陡峭的山区。山崩时，山上

de yán shí xiàng dī chù tān tā shí kuài bàn zhe
的岩石向低处坍塌，石块伴着

lóng lóng de jù xiǎng hé gǔn gǔn de yān chén xiàng shān xià
隆隆的巨响和滚滚的烟尘向山下

gǔn lái yì bān shān bēng dōu kě zào chéng zāi hài yán
滚来。一般山崩都可造成灾害，严

zhòng shí kě huǐ huài zhěng gè cūn zhuāng hái huì zá
重时可毁坏整个村庄，还会砸

sǐ rén chù huǐ huài gōng chǎng dǔ sè gōng lù
死人畜、毁坏工厂、堵塞公路

děng shān bēng shí de shí kuài ní tǔ děng zǔ
等。山崩时的石块、泥土等阻

sè hé chuáng hái huì yǐn fā hóng shuǐ
塞河床，还会引发洪水。

chú le zì rán yuán yīn wài rén wéi de

除了自然原因外，人为地

zài shān pō xià miàn wā dòng kāi záo suì dào huò kāi
在山坡下面挖洞、开凿隧道或开

cǎi kuàng shān děng yě huì yòu fā shān bēng yīn cǐ wèi
采矿山等，也会诱发山崩。因此，为

陡峭的山容易发生山崩，但是绿化好的话，可以避免

le wǒ men de shēng mìng cái chǎn ān quán wǒ men yào zhù yì wéi chí shēng tài píng héng jī
了我们的生命财产安全，我们要注意维持生态平衡，积
jí zhí shù zào lín duì shān bēng duō fā dì qū de dǒu pō cǎi qǔ fáng hù cuò shī jiāng shān
极植树造林，对山崩多发地区的陡坡采取防护措施，将山
bēng zào chéng de sǔn shī jiàng dào zuì dī
崩造成的损失降到最低。

xuě bēng de fā shēng hé fáng fàn
雪崩的发生和防范

shān pō jī xuě tài hòu de shí hou rú guǒ yáng guāng shǐ
山坡积雪太厚的时候，如果阳光使
shān pō zuì shàng céng de jī xuě róng huà le nà me xuě
山坡最上层的积雪融化了，那么雪
shuǐ jiù huì shèn rù jī xuě hé shān pō zhī jiān shǐ jī
水就会渗入积雪和山坡之间，使积
xuě màn màn tuō lí dì miàn zhè shí hou zhǐ yào yǒu yì
雪慢慢脱离地面，这时候只要有一
diǎn diǎn zhèn dòng jiù huì shǐ gāo shān shang de jī xuě xùn
点点震动就会使高山上的积雪迅
sù xiàng xià huá dòng yǐn qǐ xuě bēng suǒ yǐ zài níng
速向下滑动，引起雪崩。所以，在宁
jìng de xuě shān shang yí dìng bú yào gāo shēng shuō huà yo
静的雪山上，一定不要高声说话哟！

雪崩

xuě bēng shí shān dǐng shang de jī xuě dài zhe jù dà de chōng lì yǒng xià lái huì
雪崩时，山顶上的积雪带着巨大的冲力涌下来，会
jiāng yí qiè yǎn mái gěi rén men de shēng mìng cái chǎn dài
将一切掩埋，给人们的生命财产带
lái jù dà sǔn shī kē xué jiā men jīng guò duō nián
来巨大损失。科学家们经过多年
de yán jiū kǎo chá zǒng jié le yì xiē yǒu xiào cuò
的研究考察，总结了一些有效措
shī yǐ jiǎn shǎo xuě bēng fā shēng de gài lǜ bǐ
施以减少雪崩发生的概率。比
rú jiàn zhù shuǐ píng tái jiē hé dǎo xuě dī děng
如，建筑水平台阶和导雪堤等。
dēng shān zhě yīng gāi jǐn liàng bì miǎn jīng guò xuě bēng gāo
登山者应该尽量避免经过雪崩高
fā dì duàn
发地段。

雪崩

huán jìng wū rǎn
环境污染

huán jìng wū rǎn kě yǐ lǐ jiě wéi yóu yú rén lèi duì dì qiú zī yuán de guò dù shǐ yòng huò duì
环境污染可以理解为由于人类对地球资源的过度使用或对
shēng tài xì tǒng de pò huài ér zào chéng huán jìng zhì liàng jiàng dī bìng duì rén lèi de shēng cún fā zhǎn
生态系统的破坏而造成环境质量降低，并对人类的生存发展
zào chéng bú lì yǐng xiǎng de xiàn xiàng zhǔ yào bāo kuò dà qì wū rǎn shuǐ wū rǎn gù tǐ fèi qì wù
造成不利影响的现象，主要包括大气污染、水污染、固体废弃物
wū rǎn děng
污染等。

huán jìng wū rǎn de chéng yīn
环境污染的成因

wū rǎn wù zhì de nóng dù hé dú xìng huì zì
污染物质的浓度和毒性会自
rán jiàng dī zhè zhǒng xiàn xiàng jiào zuò huán jìng zì
然降低，这种现象叫作环境自
jìng dàn rú guǒ pái fàng de wù zhì chāo guò le huán
净。但如果排放的物质超过了环
jìng de zì jìng néng lì huán jìng zhì liàng jiù huì fā
境的自净能力，环境质量就会发
shēng bù liáng biàn huà wēi hài rén lèi jiàn kāng hé shēng
生不良变化，危害人类健康和生
cún zhè jiù fā shēng le huán jìng wū rǎn
存，这就发生了环境污染。

被污染的地球

大气污染

dà qì wū rǎn
大气污染

dà qì wū rǎn tōng cháng shì zhǐ yóu rén lèi
大气污染通常是指由人类
de shēng chǎn hé shēng huó huó dòng suǒ zào chéng de
的生产和生活活动所造成的
kōng qì wū rǎn dà qì wū rǎn bù jǐn yán zhòng
空气污染。大气污染不仅严重
pò huài shēng tài píng héng hái huì yòu fā gè zhǒng
破坏生态平衡，还会诱发各种
jí bìng duì rén tǐ chǎn shēng jí dà de wēi hài
疾病，对人体产生极大的危害。

水污染
shuǐ wū rǎn

人类活动会造成一定程度的水污染，水污染会导致水生动植物大量死亡，甚至引发一系列疾病。

海水污染

固体废弃物污染
gù tǐ fèi qì wù wū rǎn

工农业生产和人们的日常生活会产生大量的固体废弃物。这些废弃物中的有害成分能通过空气、水、土壤、食物链等途径污染环境，危害人体健康。

固体废弃物污染

huán jìng bǎo hù
环境保护

huán jìng bǎo hù shì zhǐ rén lèi wèi jiě jué xiàn shí huò qián zài de huán jìng wèn tí xié tiáo rén lèi yǔ huán jìng de guān xì bǎo zhàng jīng jì shè huì de chí xù fā zhǎn ér cǎi qǔ de gè zhǒng xíng dòng de zǒng chēng
环境保护是指人类为解决现实或潜在的环境问题，协调人类与环境的关系，保障经济社会的持续发展而采取的各种行动的总称。

wǒ men gāi rú hé zuò
我们该如何做

jìn nián lái huán jìng wèn tí rì yì yán zhòng zhè bù jǐn yǐng xiǎng le shēng tài píng héng ér qiě yán zhòng wēi hài dào le rén lèi de shēng cún fā zhǎn suǒ yǐ bǎo hù huán jìng shì dāng jīn shí dài měi gè gōng mín de zé rèn bǎo hù huán jìng de fāng fǎ yǒu hěn duō shào nián ér tóng yīng gāi cóng shēn biān de xiǎo shì zuò qǐ zuò dào sān shǎo yì duō
近年来，环境问题日益严重，这不仅影响了生态平衡，而且严重危害到了人类的生存发展。所以，保护环境是当今时代每个公民的责任。保护环境的方法有很多，少年儿童应该从身边的小事做起，做到“三少一多”。

shǎo làng fèi jié shěng liàn xí běn qiān bǐ děng wén jù yòng pǐn jǐn liàng
少浪费：节省练习本、铅笔等文具用品，尽量

bù shǐ yòng yí cì xìng cān jù yǎng chéng suí shǒu guān dēng guān shuǐ lóng tóu de hǎo xí guàn
不使用一次性餐具，养成随手关灯、关水龙头的好习惯。

shǎo pò huài ài hù chéng shì lǜ huà bù pān zhé jiàn tà huā cǎo shù mù bú xiàng
少破坏：爱护城市绿化，不攀折、践踏花草树木，不向
hé hú hǎi zhōng diū qì lā jī bù bǔ shí yě shēng dòng wù
河、湖、海中丢弃垃圾，不捕食野生动物。

shǎo wū rǎn bù suí dì tǔ tán shǎo yòng yí cì xìng sù liào zhì pǐn jiǎn shǎo duì dì qiú
少污染：不随地吐痰，少用一次性塑料制品，减少对地球
de bái sè wū rǎn jiāng shēng huó lā jī fēn lèi hòu rēng dào zhǐ dìng dì diǎn
的“白色污染”，将生活垃圾分类后扔到指定地点。

duō xuān chuán jī jí zhǔ dòng de xiàng shēn biān de qīn rén tóng xué
多宣传：积极主动地向身边的亲人、同学、
lín jū děng xuān chuán huán bǎo sī xiǎng dài dòng zhōu wéi de rén yì qǐ jiā
邻居等宣传环保思想，带动周围的人一起加
rù huán bǎo háng liè
入环保行列。

保护地球

知识小链接

世界地球日

世界地球日（World Earth Day）在每年的4月22日。2009年第63届联合国大会决议将每年的4月22日定为“世界地球日”。世界地球日活动是一项世界性的环境保护活动。

该活动最初在1970年由美国的盖洛德·尼尔森和丹尼斯·海斯发起，随后影响越来越大。活动旨在唤起人类爱护地球、保护家园的意识，促进资源开发与环境保护的协调发展，进而改善地球的整体环境。

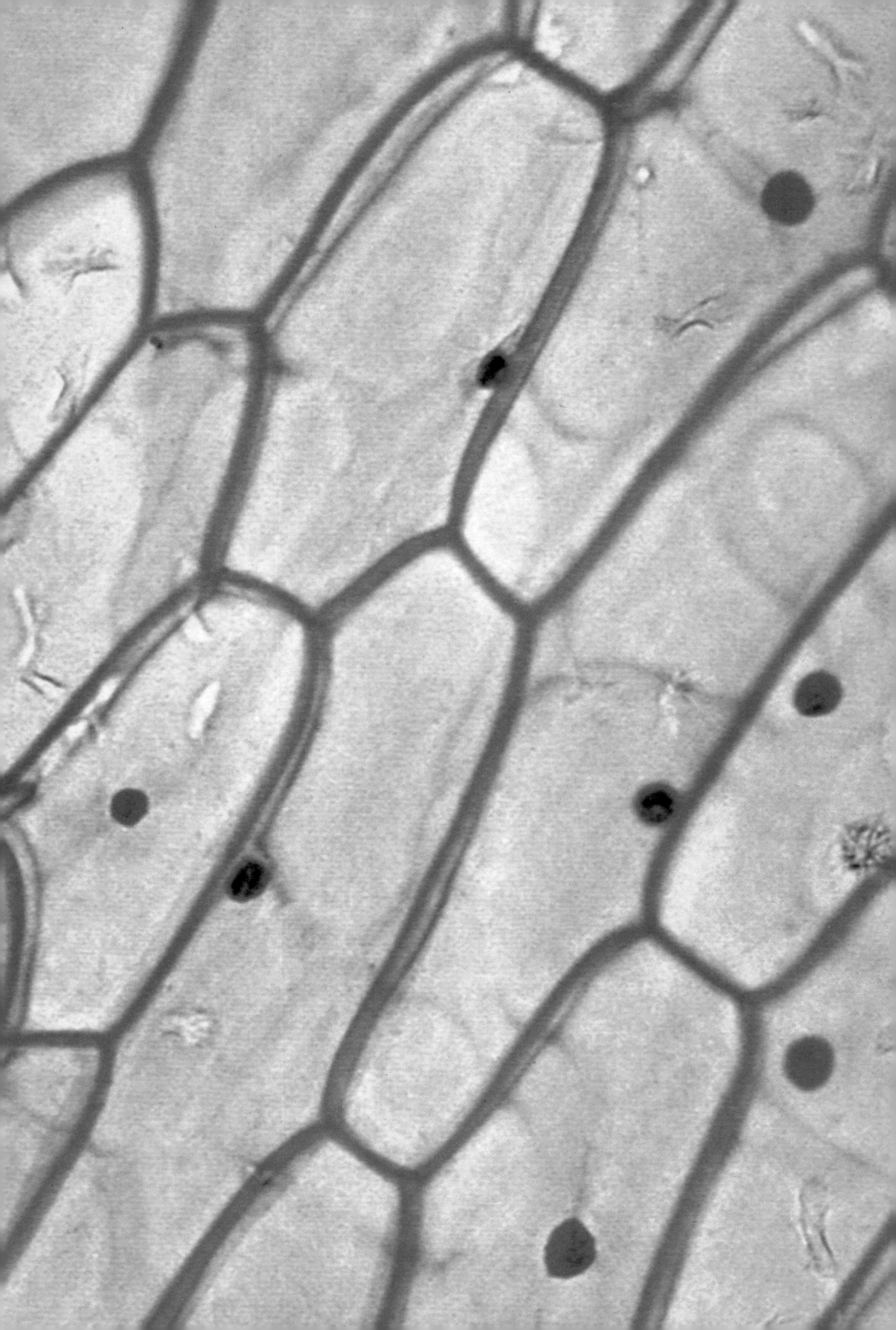

3 第三章

SHENG MING DE DAN SHENG YU WEI SHENG WU

生命的诞生与微生物

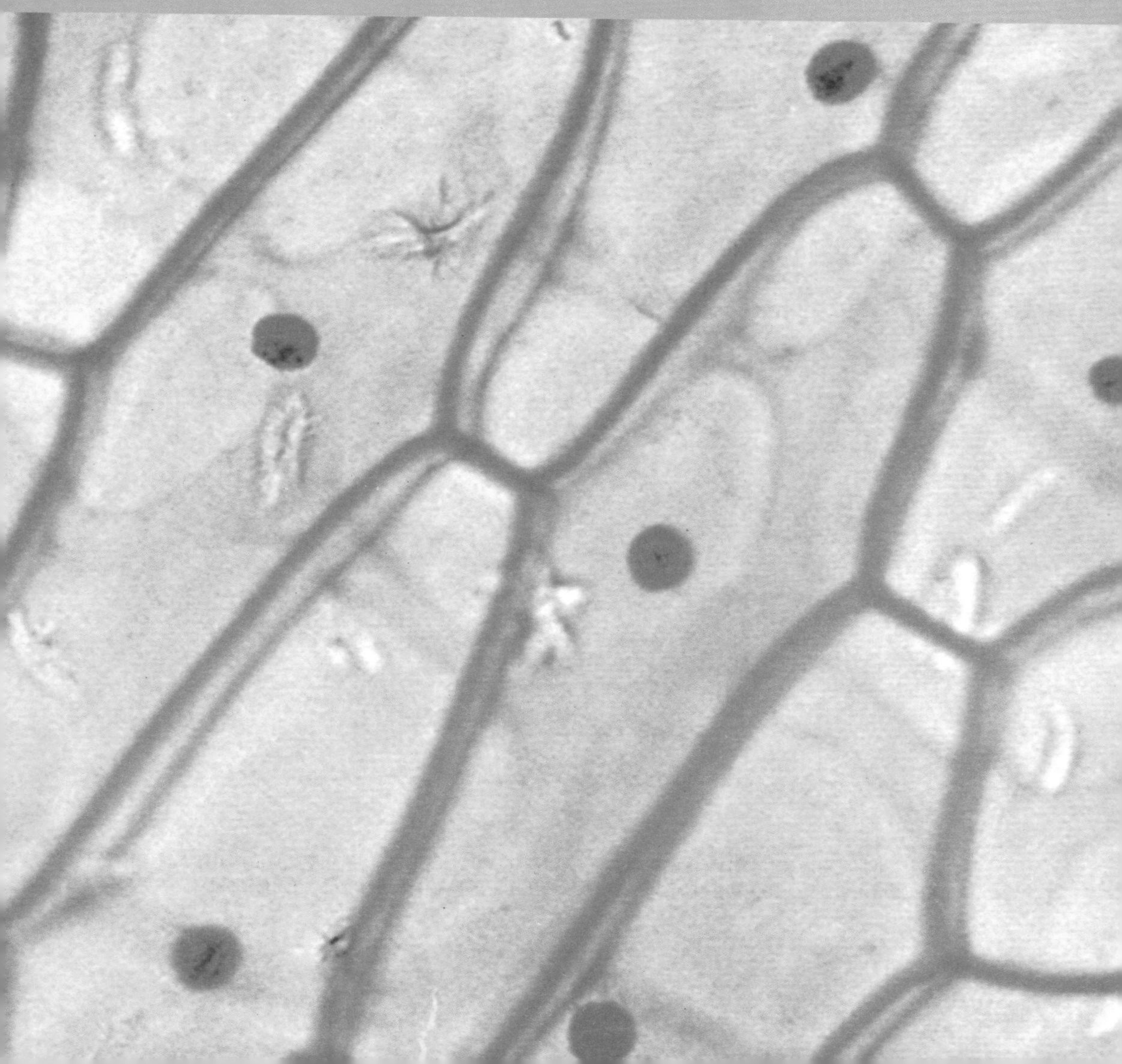

huà shí
化石

kē xué de rèn shi shēng mìng de yǎn huà lì chéng lí bu kāi duì huà shí de yán jiū huà shí shì cún liú
科学地认识生命的演化历程，离不开对化石的研究。化石是存留
zài yán shí zhōng de gǔ shēng wù yí tǐ huò yí jì zuì cháng jiàn de shì hái gǔ hé bèi ké děng dà dào kǒng
在岩石中的古生物遗体或遗迹，最常见的是骸骨和贝壳等，大到恐
lóng xiǎo dào wēi shēng wù dōu kě yǐ zài huà shí zhōng zhǎo dào tā men de hén jì
龙，小到微生物，都可以在化石中找到它们的痕迹。

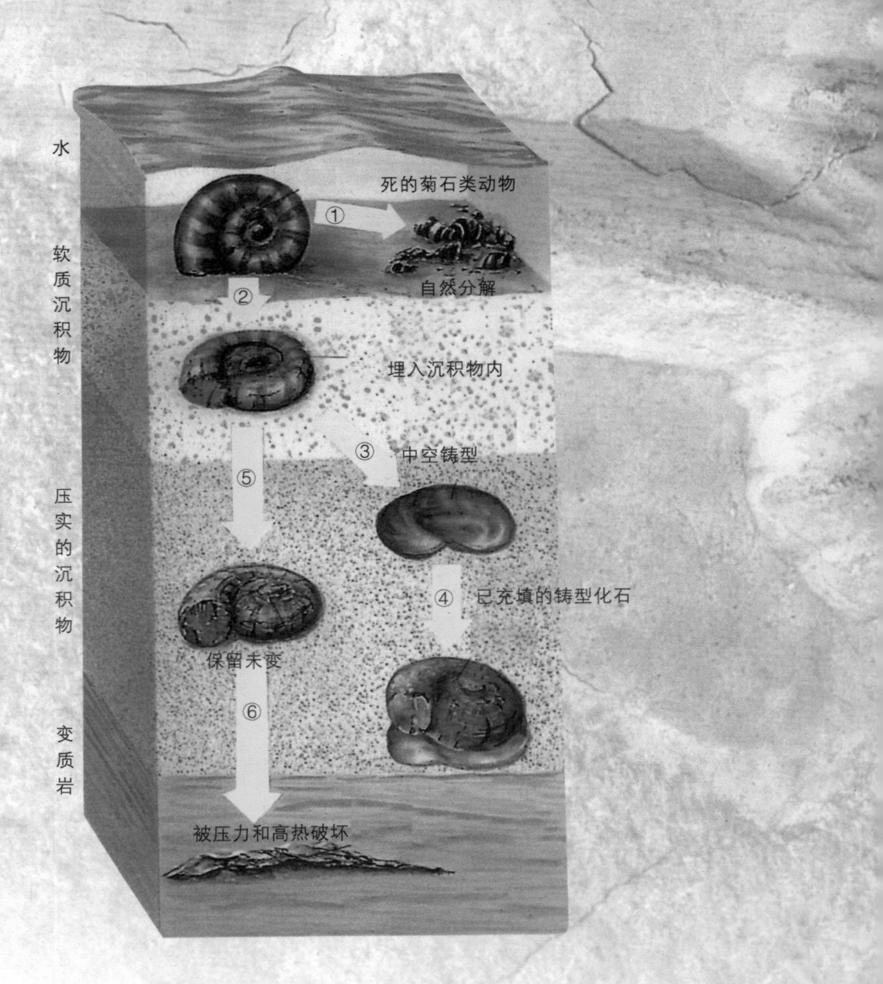

死亡的海洋生物可在海底自然分解①，或者埋入软质沉积物中②。沉积物压实时，矿物可溶解残骸，留下铸型③。然后其他矿物填入铸型④，形成铸型化石。还有些残骸在压实的沉积物中保留不变⑤，它们在沉积岩变质后被破坏⑥

zhǔ yào huà shí lèi qún
主要化石类群

zài shí huī shí hé yè yán děng chén jī yán zhōng fā xiàn de huà shí dà duō shì yǒu ké de xiǎo xíng hǎi yáng shēng wù ér bǔ rǔ dòng wù hé ruǎn qū tǐ dòng wù de huà shí jiào xī shǎo

在石灰石和页岩等沉积岩中发现的化石，大多是有壳的小型海洋生物。而哺乳动物和软躯体动物的化石较稀少。

三叶虫化石

一种灭绝的海洋生物，其外壳分为三部分

腹足类化石

蜗牛之类的生物的化石

树叶化石

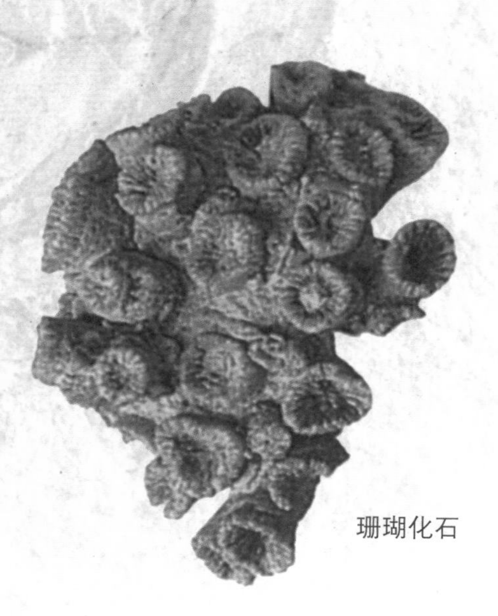

珊瑚化石

脊椎动物化石

具有脊柱的动物，包括鱼类、哺乳动物、鸟类和爬行动物等的化石

（上图为双棱鲱化石）

头足类化石

一种自由游动的枪乌贼状贝类，包括现已灭绝的菊石和箭石

（上图为菊石）

海胆化石

双壳类化石

具有两个铰合壳瓣的贝类，如扇贝、岛尾蛤和蚌的化石

（上图为蛤蜊化石）

贝壳化石

xì bāo
细胞

xì bāo shì yí qiè shēng wù tǐ jié gòu hé gōng néng de jī běn dān wèi tā shì chú le bìng dú zhī wài
细胞是一切生物体结构和功能的基本单位。它是除了病毒之外
suǒ yǒu jù yǒu wán zhěng shēng mìng de shēng wù de zuì xiǎo dān wèi bèi chēng wéi shēng mìng de jī mù
所有具有完整生命的生物的最小单位，被称为生命的积木。

xì bāo de jié gòu
细胞的结构

xì bāo de gè tóur jí wēi xiǎo xū yào zài xiǎn wēi jìng xià cái néng kàn de dào yì
细胞的个头儿极微小，需要在显微镜下才能看得到。一
bān de xì bāo dōu shì yóu zhì mó xì bāo zhì hé xì bāo hé huò nǐ hé gòu chéng néng
般的细胞都是由质膜、细胞质和细胞核（或拟核）构成，能
gòu jìn xíng dú lì fán zhí háo bù kuā zhāng de shuō méi yǒu xì bāo jiù méi yǒu wán zhěng de
够进行独立繁殖。毫不夸张地说，没有细胞就没有完整的
shēng mìng
生命。

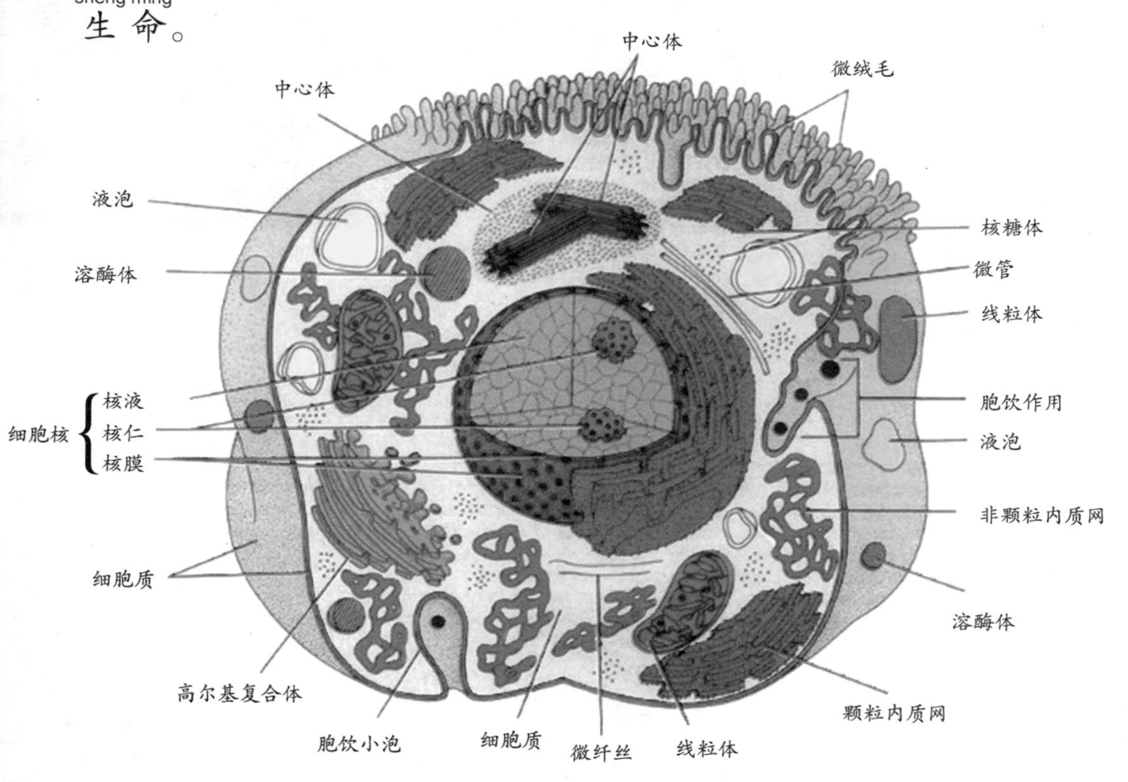

细胞结构图

细胞的功能

细胞是生命活动的基本单位，一切生命体的代谢活动都是以细胞为基础进行的。各种细胞分工合作，才能共同完成复杂的生命活动；细胞还是生殖和遗传的基础与桥梁。

白细胞

红细胞

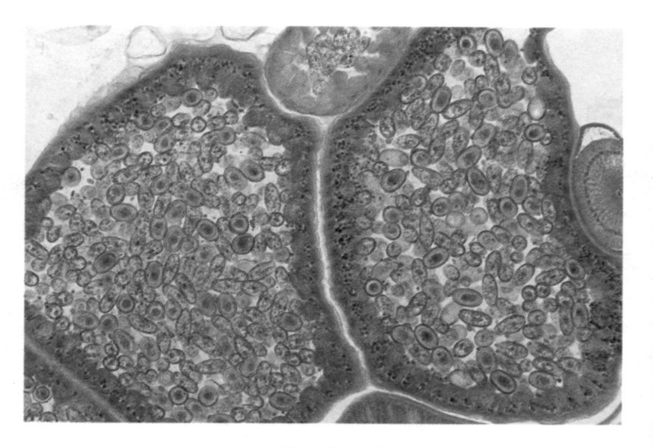

分裂中的细胞

知识小链接

名字的来源

细胞由英国科学家罗伯特·胡克于1665年发现。当时他透过显微镜观察软木塞时看到一格一格的小空间，很像一个一个的小房间，于是将之命名为细胞（cell）。细胞一词来源于拉丁语cella，意为“狭窄的房间”。

细胞的分裂和分化

细胞的分裂指的是一个细胞分裂为两个细胞的过程。分裂前的细胞称母细胞，分裂后形成的新细胞称子细胞。在单细胞生物中细胞分裂就是个体的繁殖，在多细胞生物中细胞分裂是个体生长、发育和繁殖的基础。

细胞的分化是指分裂后的细胞，在形态、结构和功能上向着不同方向变化的过程。细胞分化的结果是形成不同的组织，分化前和分化后的细胞不属于同一类型。

细胞分裂和分化

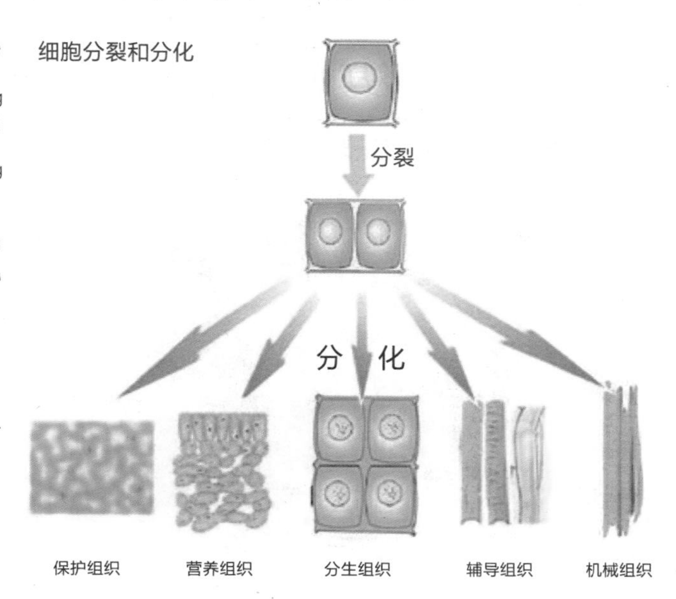

细菌

细菌是自然界分布最广、个体数量最多的有机体，是大自然物质循环的主要参与者。

细菌的结构

细菌主要由细胞膜、细胞质、核质体等部分构成，有的细菌还有荚膜、鞭毛、菌毛等特殊结构。细菌十分微小。

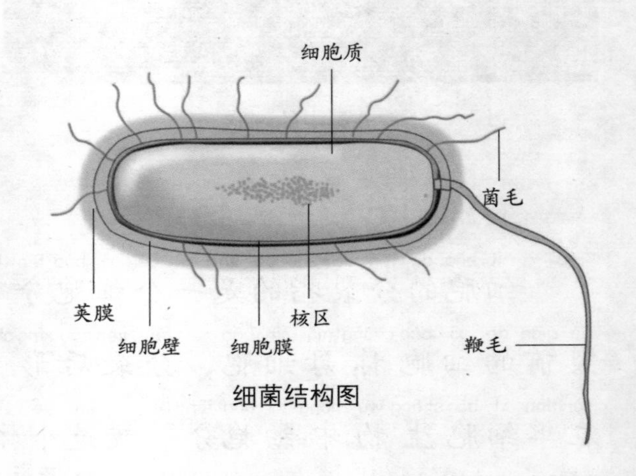

细菌结构图

细菌的基本形态

细菌按外形可分为球菌、杆菌、螺旋菌三种基本形态。

球菌外形呈球形或近似球形，根据细菌分裂的平面和菌体之间排列的方式可分为双球菌、链球菌和葡萄球菌等。

杆菌外形呈杆状，各种杆菌大小、长短与粗细差异较大。

杆菌

根据螺形菌菌体的弯曲分为弧菌（螺旋不满一环）和螺菌（螺旋满2~6环，小的坚硬的螺旋状细菌）两类。

此外，人们还发现星状和方形细菌。

> **知识小链接**
>
> **细菌名字的意思**
>
> 细菌这个名词最初由德国科学家埃伦伯格在1828年提出，用来指某种细菌。这个词来源于希腊语，意为“小棍子”。

细菌与人类的关系

细菌与人类的关系十分密切，有很多疾病都是由它们引起的，一些腐败菌还常常引起食物和工农业产品腐烂变质。但是，大多数细菌对人类不仅无害，而且有益。例如，人们利用谷氨酸棒状杆菌制造食用味精，用乳酸菌生产酸奶，利用产甲烷菌生产沼气，以及借助细菌来冶炼金属、净化污水、制作使庄稼增产的细菌肥料。另外，造纸、制革、炼糖等也都需要细菌。总之，大多数细菌对人类是有益的。

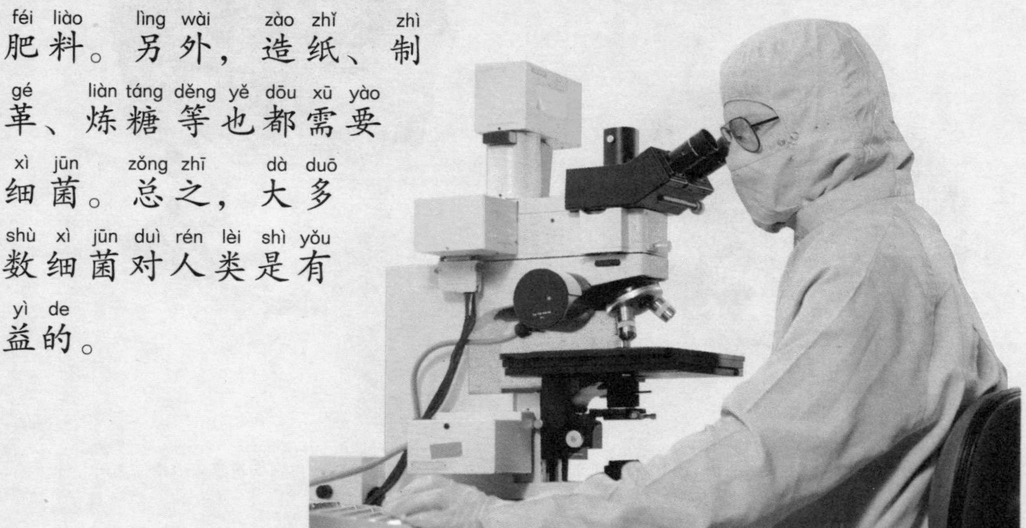

病毒

只要有生命存在的地方，就有病毒存在；病毒很可能在第一个细胞进化出来时就存在了。

肉眼看不到

病毒是一类比细菌小，能通过细菌滤器，仅含一种类型核酸，只能在活细胞内生长繁殖的非细胞形态的微生物，需要用电子显微镜才能观察到。也就是说，病毒本身不具备细胞结构，只有在活的宿主细胞内才能进行生命活动，具有生命特征。

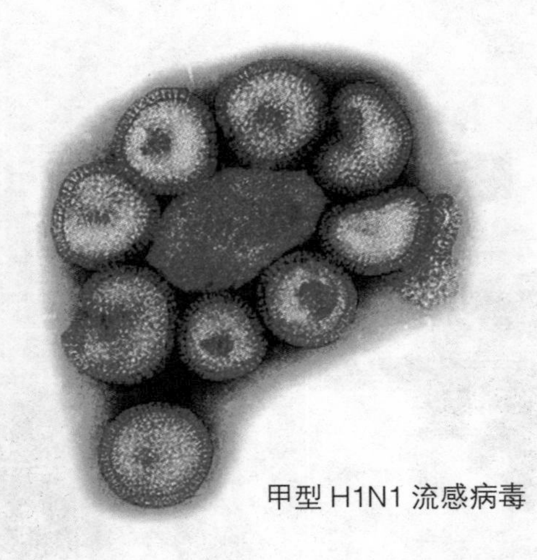

甲型 H1N1 流感病毒

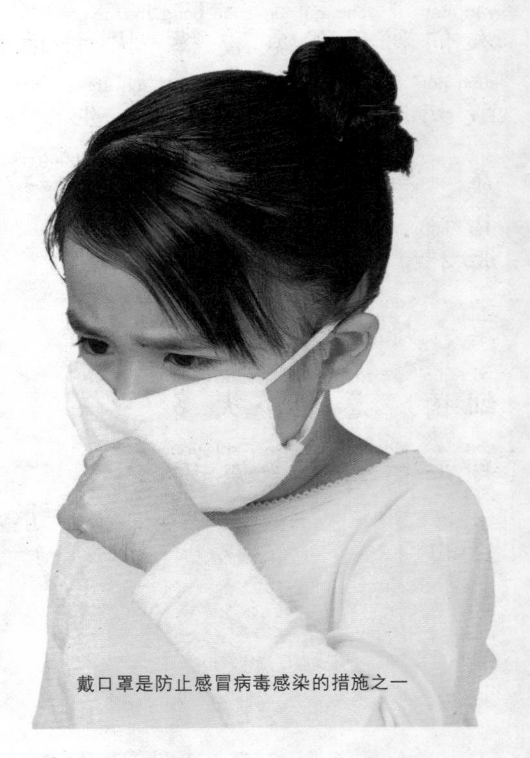

戴口罩是防止感冒病毒感染的措施之一

bìng dú
病毒

zhǐ yào yǒu shēng mìng cún zài de dì fang　　jiù yǒu bìng dú cún zài　　bìng dú hěn kě néng zài dì yī
只要有生命存在的地方，就有病毒存在；病毒很可能在第一

gè xì bāo jìn huà chū lái shí jiù cún zài le
个细胞进化出来时就存在了。

ròu yǎn kàn bu dào
肉眼看不到

bìng dú shì yí lèi bǐ xì jūn xiǎo　　néng tōng guò xì jūn lǜ qì　　jǐn hán yì zhǒng lèi
病毒是一类比细菌小，能通过细菌滤器，仅含一种类

xíng hé suān　　zhǐ néng zài huó xì bāo nèi shēng zhǎng fán zhí de fēi xì bāo xíng tài de wēi shēng
型核酸，只能在活细胞内生长繁殖的非细胞形态的微生

wù　　xū yào yòng diàn zǐ xiǎn wēi jìng cái néng guān chá dào　　yě jiù shì shuō　　bìng dú běn shēn
物，需要用电子显微镜才能观察到。也就是说，病毒本身

bú jù bèi xì bāo jié gòu　　zhǐ yǒu zài huó de sù zhǔ xì bāo nèi cái néng jìn xíng shēng mìng huó
不具备细胞结构，只有在活的宿主细胞内才能进行生命活

dòng　　jù yǒu shēng mìng tè zhēng
动，具有生命特征。

甲型 H1N1 流感病毒

戴口罩是防止感冒病毒感染的措施之一

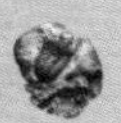

病毒的传播方式

病毒的传播方式多种多样，不同类型的病毒采用不同的方法。例如，植物病毒可以通过以植物汁液为生的昆虫，如蚜虫，在植物间进行传播；而动物病毒可以通过蚊虫叮咬得以传播。这些携带病毒的生物体被称为“载体”。

预防与治疗

因为病毒使用宿主细胞来进行复制并且寄居其内，因此很难用不破坏细胞的方法来杀灭病毒。现在，最积极的应对病毒疾病的方法是接种疫苗来预防病毒感染或者使用抗病毒药物来降低病毒的活性以达到治疗的目的。

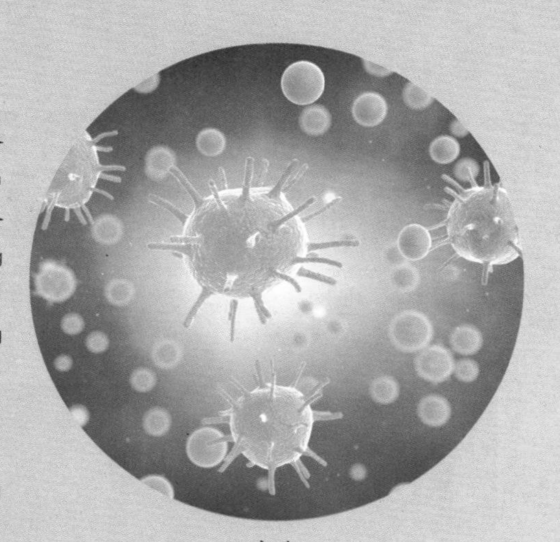

病毒

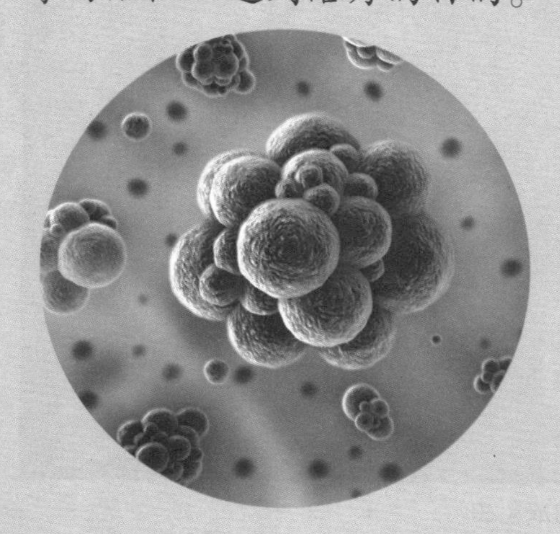

病毒

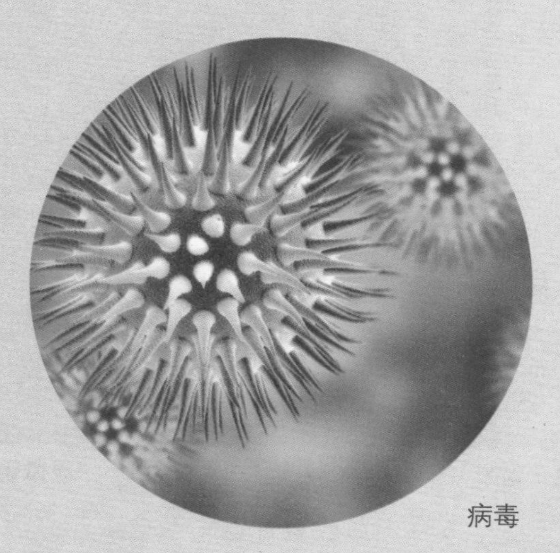

病毒

yuán shēng dòng wù
原生动物

yuán shēng dòng wù shì yí lèi quē shǎo zhēn zhèng xì bāo bì　　xì bāo tōng cháng wú sè　　jù

原生动物是一类缺少真正细胞壁，细胞通常无色，具

yǒu yùn dòng néng lì　　bìng jìn xíng tūn shì yíng yǎng de dān xì bāo zhēn hé shēng wù　　tā men gè tǐ wēi
有运动能力，并进行吞噬营养的单细胞真核生物。它们个体微

xiǎo　　dà duō shù dōu xū yào tōng guò xiǎn wēi jìng cái néng kàn jiàn
小，大多数都需要通过显微镜才能看见。

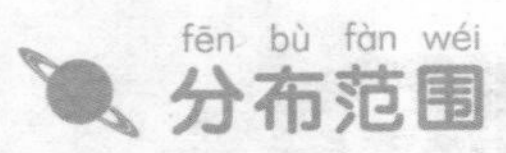

fēn bù fàn wéi

分布范围

yuán shēng dòng wù wú suǒ bú zài　　cóng nán jí dào běi jí de dà bù fen tǔ rǎng hé shuǐ

原生动物无所不在，从南极到北极的大部分土壤和水

shēng qī dì zhōng dōu kě fā xiàn qí zōng yǐng　　dà bù fen ròu yǎn kàn bu dào　　xǔ duō zhǒng lèi
生栖地中都可发现其踪影。大部分肉眼看不到。许多种类

yǔ qí tā shēng wù tǐ gòng shēng　　xiàn cún de yuán shēng dòng wù zhōng yuē　　wéi jì shēng wù
与其他生物体共生，现存的原生动物中约1/3为寄生物。

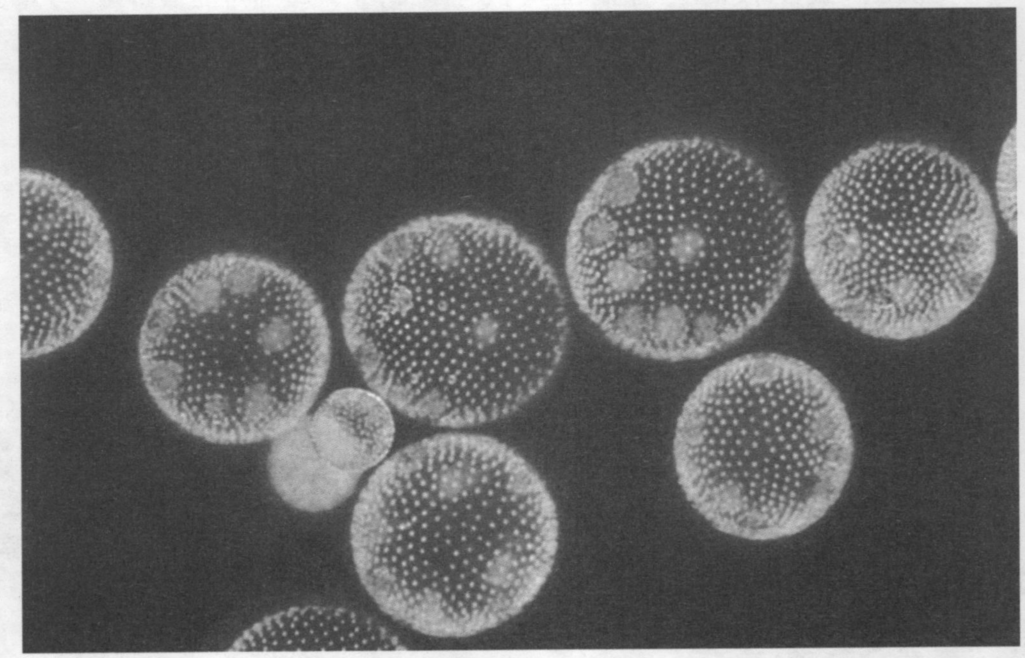

显微镜下的放射虫

原生动物的益和害

原生动物虽然很微小，人们用肉眼难以观察，但是，这类动物却直接或间接地与人类有着密切的关系，有的对人类有益，有的有害。比如，草履虫能吞食细菌，净化污水；太阳虫、钟虫可以做鱼的饵料；痢原虫、痢疾内变形虫会使人得痢疾等。

变形虫

变形虫经常改变它的形状。它伸出伪足进行运动和吞食食物，并含有消化食物的食物泡和能压出水的伸缩泡

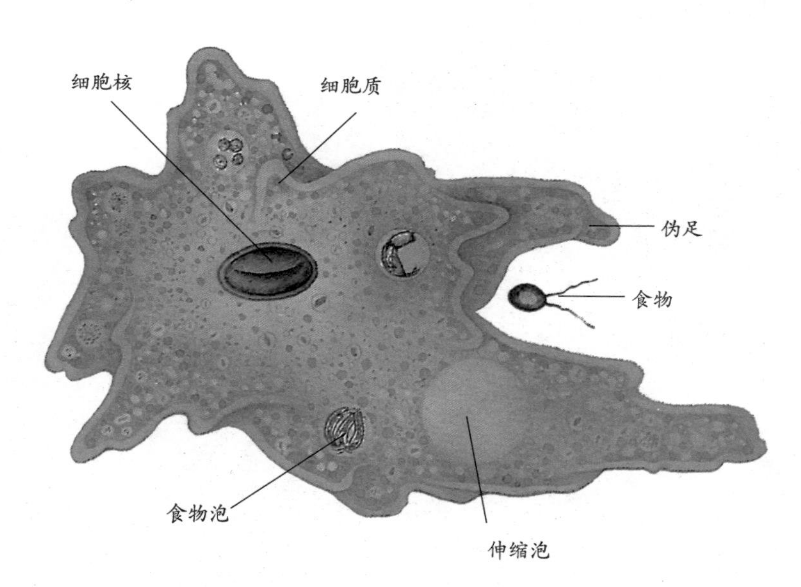

科研用处

原生动物结构简单、繁殖快、容易培养，是科研教学的极好材料。

另外，有孔虫和放射虫的化石可以被用来鉴定地层的年代，还有些原生动物是水质污染的指示生物。

4 第四章 QI XIANG WAN QIAN 气象万千

气候

气候是一个地方多年的天气平均状况，一般变化不大。气候按照热量与水分结合状况的差异、水分季节分配的不同或地形区别等可分为多种类型，如热带沙漠气候、温带海洋性气候、高原山地气候、寒带气候等。

沙漠气候

热带沙漠气候

热带沙漠气候是地球上最干燥的气候类型，典型的地区是非洲的撒哈拉沙漠和卡拉哈里沙漠。热带沙漠气候光照多，云雨较少，夏季更是酷热干燥，多风沙，且昼夜温差较大。

温带海滩

<ruby>气<rt>qì</rt></ruby><ruby>候<rt>hòu</rt></ruby>

<ruby>气<rt>qì</rt></ruby><ruby>候<rt>hòu</rt></ruby><ruby>是<rt>shì</rt></ruby><ruby>一<rt>yí</rt></ruby><ruby>个<rt>gè</rt></ruby><ruby>地<rt>dì</rt></ruby><ruby>方<rt>fang</rt></ruby><ruby>多<rt>duō</rt></ruby><ruby>年<rt>nián</rt></ruby><ruby>的<rt>de</rt></ruby><ruby>天<rt>tiān</rt></ruby><ruby>气<rt>qì</rt></ruby><ruby>平<rt>píng</rt></ruby><ruby>均<rt>jūn</rt></ruby><ruby>状<rt>zhuàng</rt></ruby><ruby>况<rt>kuàng</rt></ruby>，<ruby>一<rt>yì</rt></ruby><ruby>般<rt>bān</rt></ruby><ruby>变<rt>biàn</rt></ruby><ruby>化<rt>huà</rt></ruby><ruby>不<rt>bú</rt></ruby><ruby>大<rt>dà</rt></ruby>。<ruby>气<rt>qì</rt></ruby><ruby>候<rt>hòu</rt></ruby><ruby>按<rt>àn</rt></ruby><ruby>照<rt>zhào</rt></ruby><ruby>热<rt>rè</rt></ruby><ruby>量<rt>liàng</rt></ruby><ruby>与<rt>yǔ</rt></ruby><ruby>水<rt>shuǐ</rt></ruby><ruby>分<rt>fèn</rt></ruby><ruby>结<rt>jié</rt></ruby><ruby>合<rt>hé</rt></ruby><ruby>状<rt>zhuàng</rt></ruby><ruby>况<rt>kuàng</rt></ruby><ruby>的<rt>de</rt></ruby><ruby>差<rt>chā</rt></ruby><ruby>异<rt>yì</rt></ruby>、<ruby>水<rt>shuǐ</rt></ruby><ruby>分<rt>fèn</rt></ruby><ruby>季<rt>jì</rt></ruby><ruby>节<rt>jié</rt></ruby><ruby>分<rt>fēn</rt></ruby><ruby>配<rt>pèi</rt></ruby><ruby>的<rt>de</rt></ruby><ruby>不<rt>bù</rt></ruby><ruby>同<rt>tóng</rt></ruby><ruby>或<rt>huò</rt></ruby><ruby>地<rt>dì</rt></ruby><ruby>形<rt>xíng</rt></ruby><ruby>区<rt>qū</rt></ruby><ruby>别<rt>bié</rt></ruby><ruby>等<rt>děng</rt></ruby><ruby>可<rt>kě</rt></ruby><ruby>分<rt>fēn</rt></ruby><ruby>为<rt>wéi</rt></ruby><ruby>多<rt>duō</rt></ruby><ruby>种<rt>zhǒng</rt></ruby><ruby>类<rt>lèi</rt></ruby><ruby>型<rt>xíng</rt></ruby>，<ruby>如<rt>rú</rt></ruby><ruby>热<rt>rè</rt></ruby><ruby>带<rt>dài</rt></ruby><ruby>沙<rt>shā</rt></ruby><ruby>漠<rt>mò</rt></ruby><ruby>气<rt>qì</rt></ruby><ruby>候<rt>hòu</rt></ruby>、<ruby>温<rt>wēn</rt></ruby><ruby>带<rt>dài</rt></ruby><ruby>海<rt>hǎi</rt></ruby><ruby>洋<rt>yáng</rt></ruby><ruby>性<rt>xìng</rt></ruby><ruby>气<rt>qì</rt></ruby><ruby>候<rt>hòu</rt></ruby>、<ruby>高<rt>gāo</rt></ruby><ruby>原<rt>yuán</rt></ruby><ruby>山<rt>shān</rt></ruby><ruby>地<rt>dì</rt></ruby><ruby>气<rt>qì</rt></ruby><ruby>候<rt>hòu</rt></ruby>、<ruby>寒<rt>hán</rt></ruby><ruby>带<rt>dài</rt></ruby><ruby>气<rt>qì</rt></ruby><ruby>候<rt>hòu</rt></ruby><ruby>等<rt>děng</rt></ruby>。

沙漠气候

<ruby>热<rt>rè</rt></ruby><ruby>带<rt>dài</rt></ruby><ruby>沙<rt>shā</rt></ruby><ruby>漠<rt>mò</rt></ruby><ruby>气<rt>qì</rt></ruby><ruby>候<rt>hòu</rt></ruby>

<ruby>热<rt>rè</rt></ruby><ruby>带<rt>dài</rt></ruby><ruby>沙<rt>shā</rt></ruby><ruby>漠<rt>mò</rt></ruby><ruby>气<rt>qì</rt></ruby><ruby>候<rt>hòu</rt></ruby><ruby>是<rt>shì</rt></ruby><ruby>地<rt>dì</rt></ruby><ruby>球<rt>qiú</rt></ruby><ruby>上<rt>shang</rt></ruby><ruby>最<rt>zuì</rt></ruby><ruby>干<rt>gān</rt></ruby><ruby>燥<rt>zào</rt></ruby><ruby>的<rt>de</rt></ruby><ruby>气<rt>qì</rt></ruby><ruby>候<rt>hòu</rt></ruby><ruby>类<rt>lèi</rt></ruby><ruby>型<rt>xíng</rt></ruby>，<ruby>典<rt>diǎn</rt></ruby><ruby>型<rt>xíng</rt></ruby><ruby>的<rt>de</rt></ruby><ruby>地<rt>dì</rt></ruby><ruby>区<rt>qū</rt></ruby><ruby>是<rt>shì</rt></ruby><ruby>非<rt>fēi</rt></ruby><ruby>洲<rt>zhōu</rt></ruby><ruby>的<rt>de</rt></ruby><ruby>撒<rt>sā</rt></ruby><ruby>哈<rt>hā</rt></ruby><ruby>拉<rt>lā</rt></ruby><ruby>沙<rt>shā</rt></ruby><ruby>漠<rt>mò</rt></ruby><ruby>和<rt>hé</rt></ruby><ruby>卡<rt>kǎ</rt></ruby><ruby>拉<rt>lā</rt></ruby><ruby>哈<rt>hā</rt></ruby><ruby>里<rt>lǐ</rt></ruby><ruby>沙<rt>shā</rt></ruby><ruby>漠<rt>mò</rt></ruby>。<ruby>热<rt>rè</rt></ruby><ruby>带<rt>dài</rt></ruby><ruby>沙<rt>shā</rt></ruby><ruby>漠<rt>mò</rt></ruby><ruby>气<rt>qì</rt></ruby><ruby>候<rt>hòu</rt></ruby><ruby>光<rt>guāng</rt></ruby><ruby>照<rt>zhào</rt></ruby><ruby>多<rt>duō</rt></ruby>，<ruby>云<rt>yún</rt></ruby><ruby>雨<rt>yǔ</rt></ruby><ruby>较<rt>jiào</rt></ruby><ruby>少<rt>shǎo</rt></ruby>，<ruby>夏<rt>xià</rt></ruby><ruby>季<rt>jì</rt></ruby><ruby>更<rt>gèng</rt></ruby><ruby>是<rt>shì</rt></ruby><ruby>酷<rt>kù</rt></ruby><ruby>热<rt>rè</rt></ruby><ruby>干<rt>gān</rt></ruby><ruby>燥<rt>zào</rt></ruby>，<ruby>多<rt>duō</rt></ruby><ruby>风<rt>fēng</rt></ruby><ruby>沙<rt>shā</rt></ruby>，<ruby>且<rt>qiě</rt></ruby><ruby>昼<rt>zhòu</rt></ruby><ruby>夜<rt>yè</rt></ruby><ruby>温<rt>wēn</rt></ruby><ruby>差<rt>chā</rt></ruby><ruby>较<rt>jiào</rt></ruby><ruby>大<rt>dà</rt></ruby>。

温带海滩

wēn dài hǎi yáng xìng qì hòu
温带海洋性气候

wēn dài hǎi yáng xìng qì hòu zài ōu zhōu de fēn bù miàn jī zuì guǎng diǎn xíng de qì hòu tè zhēng shì quán nián wēn hé shī rùn yì bān jiàng shuǐ jiào jūn yún xià tiān bú huì tè bié rè dōng tiān yě bú huì shí fēn hán lěng qì wēn nián biàn huà jiào xiǎo

温带海洋性气候在欧洲的分布面积最广，典型的气候特征是全年温和湿润。一般降水较均匀，夏天不会特别热，冬天也不会十分寒冷，气温年变化较小。

gāo yuán shān dì qì hòu
高原山地气候

gāo yuán shān dì qì hòu duō fēn bù zài hǎi bá jiào gāo de gāo shān huò zhě gāo yuán dì qū yīn wèi dì shì gāo suǒ yǐ quán nián dī wēn jiàng yǔ zhī jì duō bàn yǒu bīng báo

高原山地气候多分布在海拔较高的高山或者高原地区。因为地势高，所以全年低温，降雨之际多伴有冰雹。

山地

hán dài qì hòu
寒带气候

hán dài qì hòu jí jí dì qì hòu fēn bīng yuán qì hòu hé tái yuán qì hòu liǎng zhǒng hán dài qì hòu yīn wèi jí zhòu hé jí yè xiàn xiàng de chū xiàn ér wú míng xiǎn de sì jì biàn huà jiē shòu tài yáng guāng rè jiào shǎo quán nián qì hòu hán lěng jiàng shuǐ xī shǎo

寒带气候即极地气候，分冰原气候和苔原气候两种。寒带气候因为极昼和极夜现象的出现而无明显的四季变化，接受太阳光热较少，全年气候寒冷，降水稀少。

寒带气候

fēng
风

fēng shì yì zhǒng zì rán xiàn xiàng kàn bu jiàn mō bu zháo
风是一种自然现象，看不见，摸不着。

fēng de xíng chéng
风的形成

fēng de xíng chéng hé tài yáng zhào shè shì fēn bu kāi de tài yáng zhào shè
风的形成和太阳照射是分不开的。太阳照射
dì miàn yóu yú dì xíng bù yí yàng yǒu de dì fang shì hào hàn shuǐ miàn yǒu
地面，由于地形不一样，有的地方是浩瀚水面，有
de dì fang shì chóng shān jùn lǐng yǒu de shì guǎng kuò píng dì yīn ér shòu rè bù
的地方是崇山峻岭，有的是广阔平地，因而受热不
jūn zào chéng gè dì qì wēn yǒu de gāo yǒu de dī rè de dì fang kōng qì mì
均，造成各地气温有的高，有的低。热的地方空气密
dù xiǎo qì yā jiù jiàng dī lěng de dì fang kōng qì mì dù dà qì yā jiù shēng
度小，气压就降低；冷的地方空气密度大，气压就升
gāo kōng qì huì cóng qì yā gāo de dì fang xiàng qì yā dī de dì fang liú dòng zhè yàng bú duàn
高。空气会从气压高的地方向气压低的地方流动，这样不断
liú dòng jiù xíng chéng le fēng
流动就形成了风。

hǎi fēng
海风

wǒ men dōu zhī dào hǎi biān tōng cháng huì yǒu fēng zhè shì yīn wèi tōng cháng qíng lǎng
我们都知道，海边通常会有风，这是因为，通常晴朗
de bái tiān lù dì shòu rè bǐ hǎi miàn kuài hǎi miàn shang de qì yā bǐ lù dì gāo hǎi
的白天，陆地受热比海面快，海面上的气压比陆地高，海
fēng jiù yuán yuán bú duàn de chuī xiàng lù dì ér yè jiān lù dì sàn rè bǐ hǎi shàng kuài hǎi
风就源源不断地吹向陆地；而夜间陆地散热比海上快，海
shàng de qì yā bǐ lù dì dī fēng jiù cóng lù dì chuī xiàng hǎi shàng
上的气压比陆地低，风就从陆地吹向海上。

fēng de děng jí huà fēn
风的等级划分

wú fēng jí yān zhí shàng píng jìng
无风（0级）烟直上，平静。

ruǎn fēng jí yān shì fāng xiàng
软风（1级）烟示方向。

qīng fēng jí gǎn jué yǒu fēng shù yè yǒu wēi xiǎng
轻风（2级）感觉有风，树叶有微响。

wēi fēng jí jīng qí zhǎn kāi shù yè xiǎo shù zhī wēi wēi yáo dòng
微风（3级）旌旗展开，树叶、小树枝微微摇动。

hé fēng jí chuī qǐ chén tǔ xiǎo shù zhī yáo dòng
和风（4级）吹起尘土，小树枝摇动。

jìn fēng jí xiǎo shù yáo bǎi
劲风（5级）小树摇摆。

qiáng fēng jí diàn xiàn yǒu shēng jǔ sǎn kùn nan
强风（6级）电线有声，举伞困难。

jí fēng jí bù xíng kùn nan quán shù yáo dòng
疾风（7级）步行困难，全树摇动。

dà fēng jí zhé huǐ shù zhī rén qián xíng kùn nan
大风（8级）折毁树枝，人前行困难。

liè fēng jí wū dǐng shòu sǔn wǎ piàn yí dòng
烈风（9级）屋顶受损，瓦片移动。

kuáng fēng jí shù gēn bá qǐ jiàn zhù wù bèi huǐ
狂风（10级）树根拔起，建筑物被毁。

bào fēng jí fáng wū bèi chuī zǒu zào chéng zhòng dà sǔn shī
暴风（11级）房屋被吹走，造成重大损失。

jù fēng jí zào chéng jù dà de zāi hài
飓风（12级）造成巨大的灾害。

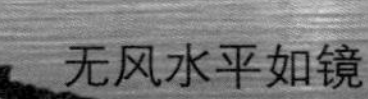
无风水平如镜

狂风掀起巨浪

tái fēng de xíng chéng
台风的形成

rè dài hǎi miàn zài yáng guāng de qiáng liè zhào shè xià hǎi shuǐ huì dà liàng zhēng fā cóng ér xíng chéng jù dà de jī yǔ yún tuán rè kōng qì shàng shēng hòu zhè yì qū yù qì yā zé huì xià jiàng zhōu wéi de kōng qì huì yuán yuán bú duàn de yǒng rù yīn shòu dì qiú zhuàn dòng de yǐng xiǎng yǒng rù de kōng qì huì chū xiàn jù liè de kōng qì xuán zhuǎn zhè jiù shì rè dài qì xuán zhè zhǒng qì xuán biān xuán zhuǎn biān yí dòng fēng sù kě dá jí yǐ shàng zhè zhǒng qì xuán fā shēng zài dà xī yáng xī bù de bèi chēng wéi jù fēng fā shēng zài tài píng yáng xī bù hǎi yáng hé nán hǎi hǎi shàng de bèi chēng wéi tái fēng

热带海面在阳光的强烈照射下，海水会大量蒸发，从而形成巨大的积雨云团。热空气上升后，这一区域气压则会下降，周围的空气会源源不断地涌入，因受地球转动的影响，涌入的空气会出现剧烈的空气旋转，这就是热带气旋。这种气旋边旋转边移动，风速可达10级以上。这种气旋发生在大西洋西部的被称为飓风，发生在太平洋西部海洋和南海海上的被称为台风。

台风云图

台风风浪

龙卷风的形成

龙卷风是一种风力极强但范围不大的旋风。

夏天，在对流运动十分强烈的雷雨云中，上下温差悬殊，地面温度高于30℃，而在4000多米的高空，温度却低于0℃。当热空气猛烈上升、冷空气急速下降时，上下空气激烈扰动，形成许多小旋涡。这些小旋涡逐渐扩大，汇聚成大旋涡，于是就形成了龙卷风。

龙卷风的危害
lóng juǎn fēng de wēi hài

龙卷风的风速常常达每秒100多米，破坏力极大，能把海水、人、动物、树木等卷到空中。

陆龙卷

龙卷风

海龙卷

云

yún shì zhǐ tíng liú zài dà qì céng de shuǐ dī bīng jīng de jí hé tǐ

云是指停留在大气层的水滴、冰晶的集合体。

yún de xíng chéng

云的形成

dì miànshang de jī shuǐ mànmàn bú jiàn le liàng zhe de shī yī fu bù jiǔ jiù gān le

地面上的积水慢慢不见了，晾着的湿衣服不久就干了，

shuǐ dào nǎ lǐ qù le yuán lái shuǐ shòu tài yáng fú shè hòu biàn chéng shuǐ qì zhēng fā dào
水到哪里去了？原来，水受太阳辐射后变成水汽，蒸发到

kōng qì zhōng qù le dào le gāo kōng shuǐ
空气中去了。到了高空，水

qì yù dào lěng kōng qì biàn níng jù chéng le
汽遇到冷空气便凝聚成了

xiǎo shuǐ dī rán hòu yòu yǔ dà qì zhōng de
小水滴，然后又与大气中的

chén āi yán lì děng jù jí zài yì qǐ
尘埃、盐粒等聚集在一起，

biàn xíng chéng le qiān zī bǎi tài de yún
便形成了千姿百态的云。

yún de zuò yòng

云的作用

yún xī shōu cóng dì miàn sàn fā de rè

云吸收从地面散发的热

liàng bìng jiāng qí fǎn shè huí dì miàn zhè
量，并将其反射回地面，这

yǒu zhù yú dì qiú bǎo wēn ér qiě yún tóng
有助于地球保温。而且云同

shí yě jiāng tài yáng guāng zhí jiē fǎn shè huí tài
时也将太阳光直接反射回太

kōng zhè yàng biàn yǒu jiàng wēn zuò yòng
空，这样便有降温作用。

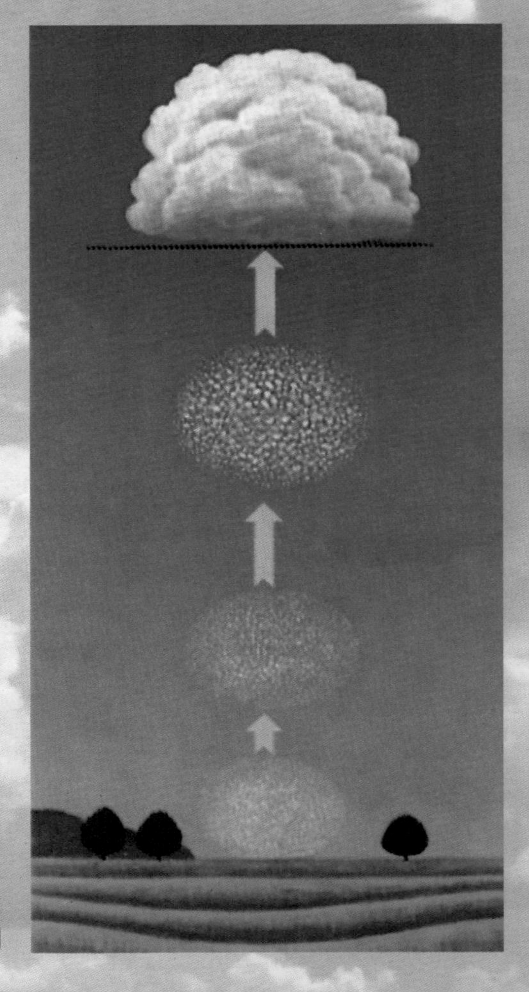

云的形成示意图

云的种类

火烧云
yún de zhǒng lèi

卷云像羽
juǎn yún xiàng yǔ

毛一样丝丝缕缕
máo yí yàng sī sī lǚ lǚ

地飘浮在天空最
de piāo fú zài tiān kōng zuì

高处。
gāo chù

积云呈棉
jī yún chéng mián

花状，这种云夏
huā zhuàng　zhè zhǒng yún xià

天最常见。积云较多的时候会形成积雨云，带来雷电天气。
tiān zuì cháng jiàn　jī yún jiào duō de shí hou huì xíng chéng jī yǔ yún　dài lái léi diàn tiān qì

卷云

火烧云会在日出或日落时成片
huǒ shāo yún huì zài rì chū huò rì luò shí chéng piàn

出现，颜色通红，又叫朝霞和晚霞。
chū xiàn　yán sè tōng hóng　yòu jiào zhāo xiá hé wǎn xiá

层云是低而均匀的云层，多呈灰
céng yún shì dī ér jūn yún de yún céng　duō chéng huī

色或灰白色，像雾一样，但不接地，
sè huò huī bái sè　xiàng wù yí yàng　dàn bù jiē dì

常出现在山里。天空出现层云，有
cháng chū xiàn zài shān li　tiān kōng chū xiàn céng yún　yǒu

时会降毛毛雨。
shí huì jiàng máo mao yǔ

积云

积雨云

层云

léi diàn
雷电

léi diàn shì bàn yǒu shǎn diàn hé léi míng de yì zhǒng xióng wěi zhuàng guān ér yòu yǒu diǎnr lìng rén
雷电是伴有闪电和雷鸣的一种雄伟壮观而又有点儿令人
shēng wèi de fàng diàn xiàn xiàng
生畏的放电现象。

léi diàn de xíng chéng
雷电的形成

zài xià jì mēn rè de wǔ hòu huò bàng
在夏季闷热的午后或傍
wǎn dì miàn de rè kōng qì xié dài zhe
晚，地面的热空气携带着
dà liàng de shuǐ qì bú duàn shàng shēng dào tiān
大量的水汽不断上升到天
kōng xíng chéng dà kuài dà kuài de jī yǔ yún
空，形成大块大块的积雨云。
yóu yú yún zhōng de diàn liú hěn qiáng tōng dào
由于云中的电流很强，通道
shang de kōng qì jiù huì bèi shāo de chì rè
上的空气就会被烧得炽热，
wēn dù bǐ tài yáng biǎo miàn wēn dù hái yào gāo
温度比太阳表面温度还要高，
suǒ yǐ huì fā chū yào yǎn de bái guāng zhè jiù shì shǎn diàn léi
所以会发出耀眼的白光，这就是闪电。雷
shēng shì tōng dào shang de kōng qì hé yún dī shòu rè ér tū rán
声是通道上的空气和云滴受热而突然
péng zhàng hòu fā chū de jù dà shēng xiǎng
膨胀后发出的巨大声响。

雷电形成的原理

正电荷
负电荷
闪电释放负电荷
闪电被吸向带正电的地面而使电荷中和

云间雷电

闪电的分类

一些闪电在云中闪烁时会造成某一区域的天空一片光亮，这种闪电被称为片状闪电。

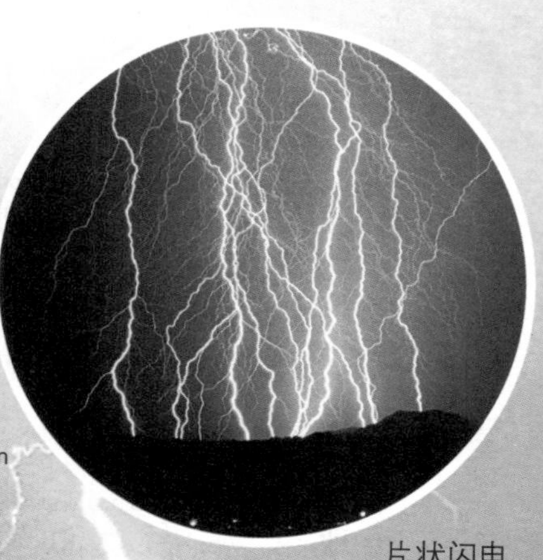

片状闪电

一些普通闪电出现时，会像树枝一样曲折分叉，人们称这种闪电为枝状闪电。

枝状闪电如果分成几条，并呈平行状态出现，就叫作带状闪电。

一些闪电只在云层间出现，而没能到达地面，这类闪电被称为云间闪电。

还有一些闪电比较特殊，它们会在云间横行一段距离，然后在远离云雨区的地面降落，这种闪电就是人们常说的“晴天霹雳”。

带状闪电

雨

雨是从云中降落的水滴。它是人类生活中重要的淡水来源之一，但过多的降雨也会带来严重的灾害。

雨的到来

陆地和海洋表面的水蒸发后变成水蒸气，水蒸气上升到一定高度后遇冷变成小水滴，小水滴组成了云，在云里互相碰撞，变成大水滴，然后从空中落下来，形成雨。在夏季，雨常常在雷电的陪伴下出现。

小雨

小雨指的是雨滴清晰可见，雨声微弱，落到地上时雨滴不四溅的降雨现象。一般小雨出现时，屋檐上只有滴水且洼地积水很慢，12小时内降水量小于5毫米或24小时内降水量小于10毫米。

中雨

中雨一般指日降水量为10～24.9毫米的雨，雨落如线，雨滴不易分辨，洼地积水较快。

万物生长离不开雨

暴雨

bào yǔ kě yǐ jiǎn dān lǐ jiě wéi jiàng shuǐ qiáng dù hěn dà de yǔ wǒ guó qì xiàng

暴雨可以简单理解为降水强度很大的雨。我国气象
shàng guī dìng xiǎo shí nèi jiàng shuǐ liàng dá dào háo mǐ huò yǐ shàng de qiáng jiàng
上规定，24小时内降水量达到50毫米或以上的强降
yǔ wéi bào yǔ
雨为“暴雨”。

酸雨

rú guǒ kōng qì zhōng hán suān liàng guò dà zé huì xíng chéng suān yǔ suān yǔ wēi

如果空气中含酸量过大，则会形成酸雨，酸雨危
hài shí fēn yán zhòng suān yǔ zhōng hán yǒu duō zhǒng wú jī suān hé yǒu jī suān jué dà bù
害十分严重。酸雨中含有多种无机酸和有机酸，绝大部
fēn shì liú suān hé xiāo suān hái yǒu shǎo liàng huī chén xià suān yǔ shí shù yè huì shòu
分是硫酸和硝酸，还有少量灰尘。下酸雨时，树叶会受
dào yán zhòng qīn shí shù mù de shēng cún shòu dào yán zhòng wēi hài bù jǐn sēn lín shòu dào
到严重侵蚀，树木的生存受到严重危害。不仅森林受到
yán zhòng wēi xié tǔ rǎng yóu yú shòu dào suān xìng qīn shí yě huì dǎo zhì nóng yè jiǎn chǎn
严重威胁，土壤由于受到酸性侵蚀，也会导致农业减产。
cǐ wài suān yǔ róng yì fǔ shí shuǐ ní dà lǐ shí bìng néng shǐ tiě qì biǎo

此外，酸雨容易腐蚀水泥、大理石，并能使铁器表
miàn shēng xiù yīn cǐ jiàn zhù wù gōng yuán zhōng de diāo sù yǐ jí xǔ duō gǔ dài
面生锈。因此，建筑物、公园中的雕塑以及许多古代
yí jì yě róng yì shòu fǔ shí
遗迹也容易受腐蚀。

酸雨的形成

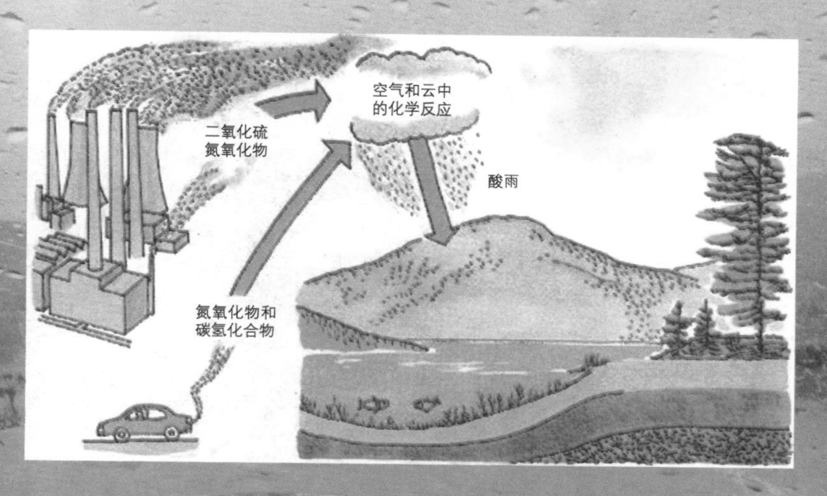

雪

xuě shì shuǐ zhēng qì zài kōng zhōng níng jié wéi bái sè jié jīng ér luò xià de zì rán xiàn xiàng huò

雪是水蒸气在空中凝结为白色结晶而落下的自然现象，或

zhǐ luò xià de xuě huā　　xuě zhǐ yǒu zài hěn lěng de wēn dù xià cái huì chū xiàn　　yīn cǐ yà rè dài dì qū

指落下的雪花。雪只有在很冷的温度下才会出现，因此亚热带地区

hé rè dài dì qū xià xuě de gài lù jiào xiǎo

和热带地区下雪的概率较小。

xuě de xíng chéng

雪的形成

xuě hé yǔ yí yàng　　dōu shì shuǐ zhēng qì níng jié ér chéng de　　dāng yún zhōng de wēn

雪和雨一样，都是水蒸气凝结而成的。当云中的温

dù zài　　　　yǐ shàng shí　　yún zhōng méi yǒu bīng jīng　　zhǐ yǒu xiǎo shuǐ dī　　zhè shí zhǐ huì

度在0℃以上时，云中没有冰晶，只有小水滴，这时只会

知识小链接

冰雹

水汽在上升过程中遇冷会凝结成小水滴，当气温低于0℃时，水滴就会凝结成冰粒，并在上下翻滚中不断吸附其周围的小冰粒或水滴而"长大"。当这些冰粒降落到地面，就变成了我们见到的冰雹。冰雹小如绿豆，大似鸡蛋，是严重的自然灾害之一。

冰雹

雪原

^{xià yǔ} ^{rú guǒ yún zhōng hé} ^{xià miàn de kōng qì}

下雨。如果云中和下面的空气
^{wēn dù dōu dī yú} ^{xiǎo shuǐ dī jiù huì níng}
温度都低于0℃，小水滴就会凝
^{jié chéng bīng jīng} ^{jiàng luò dào dì miàn}
结成冰晶，降落到地面。

雪对农作物的作用

^{xuě yǒu lì} ^{yú nóng zuò wù} ^{de shēng zhǎng}

雪有利于农作物的生长
^{fā yù} ^{xuě yǒu hěn hǎo de bǎo wēn xiào guǒ}
发育。雪有很好的保温效果，
^{kě yǐ zài hán dōng bǎo hù zhí wù bú bèi dòng}
可以在寒冬保护植物不被冻
^{shāng} ^{lái nián kāi chūn xuě shuǐ róng huà hái kě yǐ}
伤，来年开春雪水融化还可以
^{wèi zhí bèi tí gōng liáng hǎo de shuǐ yuán}
为植被提供良好的水源。

知识小链接

雾凇

北方冬季时，在树枝、电线等的迎风面上常能见到一些白色或乳白色不透明的冰层，这些冰层实际上是水汽凝华后结成的冰花，俗称树挂，也就是我们说的雾凇。雾凇是自然美景，但严重时，会将电线、树木压断，造成损失。

雾凇

shuāng hé lù
霜和露

shuāng hé lù de chū xiàn guò chéng shì léi tóng de dōu shì zài kōng qì zhōng de xiāng duì shī dù dá
霜和露的出现过程是雷同的，都是在空气中的相对湿度达
dào shí shuǐ fèn cóng kōng qì zhōng xī chū de xiàn xiàng tā men de chā bié zhǐ zài yú lù diǎn shuǐ
到100%时，水分从空气中析出的现象。它们的差别只在于露点（水
qì yè huà chéng lù de wēn dù gāo yú bīng diǎn ér shuāng diǎn shuǐ qì níng huá chéng shuāng de wēn
汽液化成露的温度）高于冰点，而霜点（水汽凝华成霜的温
dù dī yú bīng diǎn
度）低于冰点。

shuāng de xíng chéng
霜的形成

shēn qiū hé chū chūn shí jié dāng yè
深秋和初春时节，当夜
jiān qì wēn jiàng dào yǐ xià shí kōng qì
间气温降到0℃以下时，空气
zhōng fù yu de shuǐ qì biàn huì zài bú yì dǎo
中富余的水汽便会在不易导
rè de yè zi hé mù wǎ děng wù tǐ shang
热的叶子和木、瓦等物体上
zhí jiē níng jié chéng bái sè de xiǎo bīng jīng
直接凝结成白色的小冰晶，
zhè jiù shì shuāng
这就是霜。

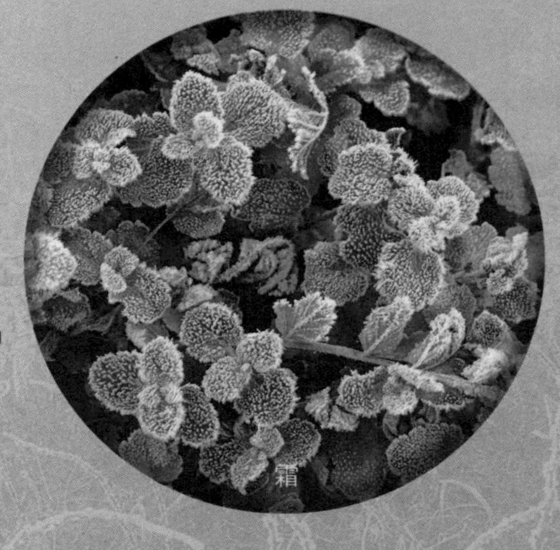
霜

lù shuǐ de xíng chéng
露水的形成

zài qíng lǎng wú yún wēi fēng fú guò de yè wǎn yóu yú dì miàn de huā cǎo shí tou
在晴朗无云、微风拂过的夜晚，由于地面的花草、石头
děng wù tǐ sàn rè bǐ kōng qì kuài wēn dù bǐ kōng qì dī suǒ yǐ dāng jiào rè de kōng qì
等物体散热比空气快，温度比空气低，所以当较热的空气
pèng dào dì miàn zhè xiē wēn dù jiào dī de wù tǐ shí biàn huì fā shēng bǎo hé shuǐ qì níng
碰到地面这些温度较低的物体时，便会发生饱和，水汽凝
jié chéng xiǎo shuǐ zhū zhì liú zài zhè xiē wù tǐ shàng miàn zhè jiù shì wǒ men kàn dào de lù shui
结成小水珠滞留在这些物体上面，这就是我们看到的露水。

露水的作用

露水对农作物生长很有利。因为在炎热的夏天，白天农作物的光合作用很强，会蒸发掉大量的水分，发生轻度的枯萎。到了夜间，由于露水，农作物又恢复了生机。

霜对农作物的影响

有霜时节，农作物如果还没收获，常常会遭受霜冻。实际上，农作物不是因为霜而受冻的，零下低温才是真正的凶手。因为在空气十分干燥时，即使到零下一二十摄氏度的低温，也不会出现霜，但此时农作物早已被冻坏了。

露水

雾和霾

气象学称因大气中悬浮的水汽凝结，能见度低于1千米的天气现象为雾。而悬浮在大气中的大量微小尘粒、烟粒或盐粒的集合体，使空气混浊，水平能见度降低到10千米以下的天气现象称为霾。

雾的形成

白天太阳照射地面，导致水分大量蒸发，使水汽进入空气中，同时地面也吸收了大量的热量。到了傍晚，太阳落山以后，地面吸收的热量就开始向上空散发，接近地面的空气温度也会随着降低。天气越晴朗，空中的云量越少，地面的热量就散发得越快，空气温度也降得越低。到了后半夜和第二天早晨，接近地面的空气温度降低以后，空气中的水汽超过了饱和状态，多余的水就凝结成微小的水滴，分布在低空形成雾。因此，当白天太阳一出来，地面温度升高，空气温度也随之升高，空气中容纳水汽的能力增大时，雾便会逐渐消散。

霾的形成

霾的形成与污染物的排放密切相关，城市中机动车尾气以及其他烟尘排放源排出的粒径在微米级的细小颗粒

wù　tíng liú zài dà qì zhōng　dāng nì wēn　jìng fēng děng bú lì yú kuò sàn de tiān qì chū
物，停留在大气中，当逆温、静风等不利于扩散的天气出
xiàn shí　jiù xíng chéng mái
现时，就形成霾。

wù hé mái de qū bié
雾和霾的区别

wù hé mái de qū bié zhǔ yào zài yú shuǐ fèn hán liàng
雾和霾的区别主要在于水分含量
de dà xiǎo　shuǐ fèn hán liàng dá dào　yǐ shàng
的大小：水分含量达到 90% 以上
de jiào wù　shuǐ fèn hán liàng dī yú　de jiào
的叫雾，水分含量低于 80% 的叫
mái　jiān de　shì wù hé mái
霾。80% ~ 90% 间的，是雾和霾
de hùn hé wù　dàn qí zhǔ yào chéng fèn shì mái
的混合物，但其主要成分是霾。

yǐ néng jiàn dù lái qū fēn　shuǐ píng néng jiàn
以能见度来区分：水平能见
dù xiǎo yú　qiān mǐ de　shì wù　shuǐ píng néng jiàn dù xiǎo
度小于 1 千米的，是雾；水平能见度小
yú　qiān mǐ de　shì mái
于 10 千米的，是霾。

晨雾

霾

霾

彩虹

彩虹是气象中的一种光学现象。阳光照射到半空中的水滴，光线被折射及反射，在天空中形成拱形的七彩光谱。

彩虹的形成

大雨后的空气中，飘浮着许多小水珠，它们就像一个个悬浮在空中的三棱镜，阳光通过它们时，先被分解成红、橙、黄、绿、蓝、靛、紫七色光带，然后再被反射回来，形成彩虹。

双彩虹

彩虹与天气变化

彩虹的出现与当时天气的变化相联系，一般人们可以从虹出现在天空中的位置推测当时将出现晴天或雨天。东方出现虹时，本地是不大容易下雨的，而西方出现虹时，本地下雨的可能性很大。

彩虹

双彩虹

有时，在彩虹的外侧还能看到第二道虹，色彩比第一道稍淡，被称为副虹或霓。虹和霓色彩的次序刚好相反，虹的色序是外红内紫，而霓的色序是外紫内红。

彩虹

晴天，多水的地方在一定条件下，也会出现彩虹

wēn dù
温度

qì xiàng xué shang bǎ biǎo shì kōng qì lěng rè chéng

气象学上把表示空气冷热程
dù de wù lǐ liàng chēng wéi kōng qì wēn dù jiǎn chēng
度的物理量称为空气温度，简称
qì wēn guó jì biāo zhǔn qì wēn dù liáng dān wèi shì shè
气温。国际标准气温度量单位是摄
shì dù
氏度（℃）。

tiān qì yù bào zhōng de qì wēn

天气预报中的气温

tiān qì yù bào zhōng suǒ shuō de qì wēn zhǐ zài yě wài kōng qì liú tōng bú shòu tài

天气预报中所说的气温，指在野外空气流通、不受太
yáng zhí shè de huán jìng xià cè dé de kōng qì wēn dù yì bān zài bǎi yè xiāng nèi cè dìng
阳直射的环境下测得的空气温度（一般在百叶箱内测定）。
zuì gāo qì wēn shì yí rì nèi qì wēn de zuì gāo zhí yì bān chū xiàn zài shí zuì
最高气温是一日内气温的最高值，一般出现在14~15时；最
dī qì wēn shì yí rì nèi qì wēn de zuì dī zhí yì bān chū xiàn zài zǎo chen shí
低气温是一日内气温的最低值，一般出现在早晨5~6时。

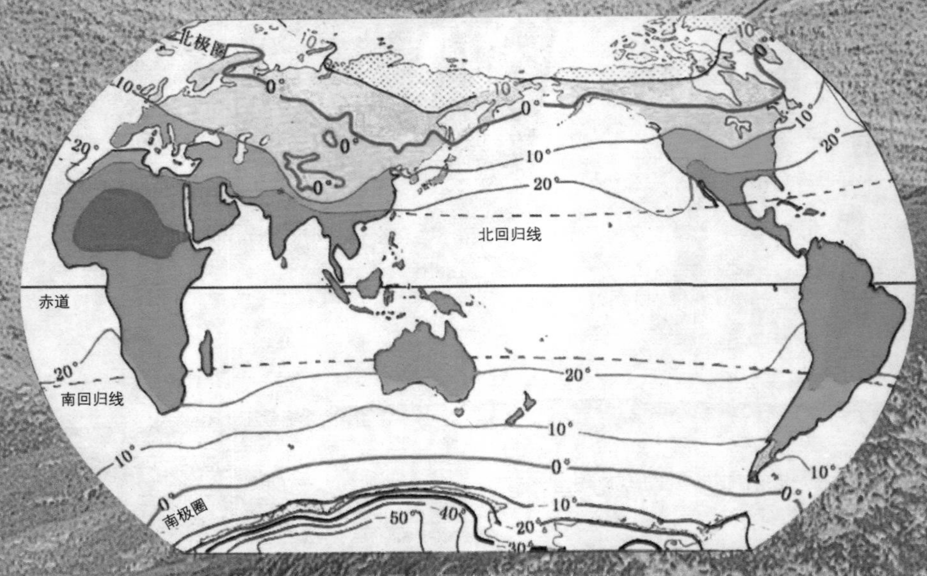

世界年平均气温分布图

气温变化
qì wēn biàn huà

气温变化分日变化和年变化。日变化，最高气温在午后2时，最低气温在日出前后。年变化，北半球陆地上7月最热，海洋上8月最热；南半球与北半球相反。

气温分布特点
qì wēn fēn bù tè diǎn

从低纬度向高纬度递减，因此等温线与纬线大体上平行。同纬度海洋与陆地的气温是不同的。夏季等温线陆地上向高纬方向突出，海洋上向低纬方向突出。

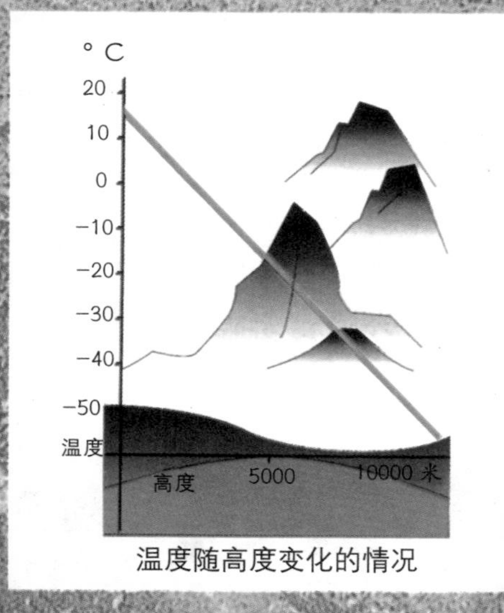

温度随高度变化的情况

湿度
shī dù

dà qì zhōng shuǐ zhēng qì hán liàng de duō shao huò kōng qì de gān shī chéng dù jiǎn chēng shī dù

大气中水蒸气含量的多少或空气的干湿程度，简称湿度。

湿度对空气的影响
shī dù duì kōng qì de yǐng xiǎng

zài yí dìng de wēn dù xià yí dìng tǐ jī de kōng

在一定的温度下，一定体积的空
qì li hán yǒu de shuǐ qì yuè shǎo kōng qì yuè gān zào
气里含有的水汽越少，空气越干燥；
shuǐ qì yuè duō kōng qì yuè cháo shī
水汽越多，空气越潮湿。

静电

湿度对人的影响
shī dù duì rén de yǐng xiǎng

哇！怎么会有电？

rén tǐ zài shì nèi gǎn jué shū shì de zuì jiā xiāng

人体在室内感觉舒适的最佳相
duì shī dù shì xiāng duì shī dù guò xiǎo
对湿度是 40% ~ 50%，相对湿度过小
huò guò dà duì rén tǐ dōu bù yí shèn zhì yǒu hài
或过大，对人体都不宜，甚至有害。
jū zhù huán jìng de xiāng duì shī dù ruò dī zhì yǐ
居住环境的相对湿度若低至 10% 以
xià rén yì huàn hū xī dào jí bìng chū xiàn kǒu gān chún liè liú bí xuè děng xiàn xiàng
下，人易患呼吸道疾病，出现口干、唇裂、流鼻血等现象。
xiāng duì shī dù guò dà yòu yì shǐ shì nèi jiā jù yī wù dì tǎn děng zhī wù shēng
相对湿度过大，又易使室内家具、衣物、地毯等织物生
méi tiě qì shēng xiù diàn zǐ qì jiàn duǎn lù duì rén tǐ yǒu cì jī
霉，铁器生锈，电子器件短路，对人体有刺激。

阿塔卡马沙漠

静电与湿度

多雨湿润的热带雨林

在中国的北方，到了冬天的时候，我们往往会遇到静电的困扰，这是因为空气的相对湿度太低了。研究发现，在空气逐渐干燥时（相对湿度的百分比减小），产生静电的能力变化是确定且明显的。在相对湿度为10%（很干燥的空气）时，人在地毯上行走，能产生35千伏的电荷，但在相对湿度为55%时将锐减至7.5千伏。

美国最干最热的地方——死谷

tiān qì yù bào
天气预报

tiān qì yù bào jiù shì yìng yòng dà qì biàn huà de guī lǜ　　gēn jù dāng qián jí jìn qī de tiān qì

**天气预报就是应用大气变化的规律，根据当前及近期的天气

xíng shì　　duì mǒu dì qū wèi lái yí dìng shí qī nèi de tiān qì zhuàng kuàng jìn xíng yù cè
形势，对某地区未来一定时期内的天气状况进行预测。**

tiān qì yù bào de gōng jù

天气预报的工具

tiān qì yù bào de zhòng yào gōng jù shì tiān qì tú　　tiān qì tú zhǔ yào fēn dì miàn tiān

天气预报的重要工具是天气图。天气图主要分地面天

qì tú hé gāo kōng tiān qì tú liǎng zhǒng　　tiān qì tú shang mì mì má má de tián mǎn le gè shì
气图和高空天气图两种。天气图上密密麻麻地填满了各式

gè yàng de tiān qì fú hào　　zhè xiē fú hào dōu shì jiāng gè dì chuán lái de qì xiàng diàn mǎ fān
各样的天气符号，这些符号都是将各地传来的气象电码翻

yì hòu tián xiě de　　měi yì zhǒng fú hào dài biǎo yì zhǒng tiān qì　　suǒ yǒu fú hào dōu àn tǒng
译后填写的。每一种符号代表一种天气，所有符号都按统

yī guī dìng de gé shì tián xiě zài gè zì de dì lǐ wèi zhì shang　　zhè yàng　　jiù kě yǐ bǎ guǎng
一规定的格式填写在各自的地理位置上。这样，就可以把广

dà dì qū zài tóng yī shí jiān nèi guān cè dào de qì xiàng yào sù rú fēng　　wēn dù　　shī dù
大地区在同一时间内观测到的气象要素如风、温度、湿度、

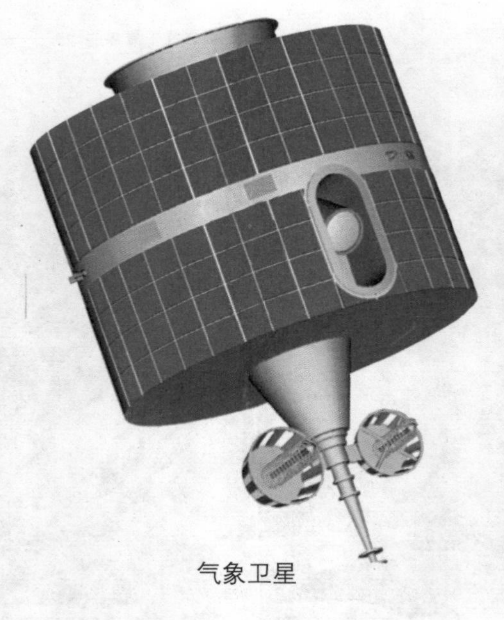

气象卫星

卫星云图

阴、晴、雨、雪等统统填在一张天气图上，从而制成一张张代表不同时刻的天气图。有了这些天气图，预报人员就可以进一步分析加工，并将分析结果用不同颜色的线条和符号表示出来。

随着气象科学技术的发展，现在有些气象台已经在使用气象雷达、气象卫星及电子计算机等先进的探测工具和预报手段来提高天气预报的水平，并且收到了显著的效果。

天气预报的作用

天气预报的主要内容是一个地区或城市未来一段时期内的阴晴雨雪、最高最低气温、风向和风力及特殊的灾害性天气。气象台准确预报寒潮、台风、暴雨等自然灾害出现的位置和强度，就可以直接为工农业生产和群众生活服务。

知识小链接

天气预报的来历

1845 年 11 月，一场可怕的狂风巨浪使准备攻打俄国的英法联合舰队几乎全军覆没。法国气象学家勒维烈据此进行研究，发现世界各地的天气是互相影响的，他建议将各地的天气情况汇总后制成“天气图”，并对欧洲的天气情况做出预报，天气预报由此产生。

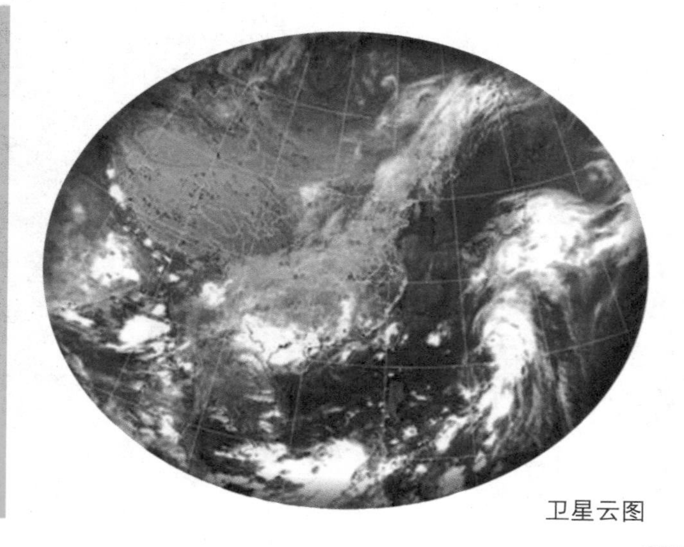

卫星云图

5 第五章 DONG WU SHI JIE 动物世界

kǒng lóng
恐龙

dà yuē yì wàn nián qián yǒu yí lèi pá xíng dòng wù dà de cháng dá jǐ shí

大约2亿3000万年前，有一类爬行动物，大的长达几十

mǐ xiǎo de bù zú mǐ shēng huó zài lù dì huò zhǎo zé fù jìn rén men bǎ zhè zhǒng dòng wù
米，小的不足1米，生活在陆地或沼泽附近，人们把这种动物

chēng wéi kǒng lóng
称为恐龙。

duì kǒng lóng de rèn shi

对恐龙的认识

mù qián dì qiú shang yǐ jīng méi yǒu kǒng lóng cún zài le rén lèi duì yú kǒng lóng

目前地球上已经没有恐龙存在了，人类对于恐龙

de rèn shi duō bàn shì cóng huà shí yán jiū zhōng dé chū de jié lùn
的认识多半是从化石研究中得出的结论。

suī rán dà bù fen de kǒng lóng dōu shēng huó zài

虽然大部分的恐龙都生活在

lù dì shang dàn rú guǒ xū yào guò hé kǒng
陆地上，但如果需要过河，恐

lóng yí dìng huì yóu guò qù yě jiù shì shuō kǒng lóng shì huì yóu
龙一定会游过去，也就是说恐龙是会游

yǒng de bié kàn hěn duō kǒng lóng zhǎng de páng dà bèn zhuō
泳的。别看很多恐龙长得庞大笨拙，

qí shí tā men bēn pǎo sù dù jí kuài suǒ yǐ zài nà ge shí
其实它们奔跑速度极快，所以在那个时

hou kǒng lóng shì dòng wù jiè de jué duì bà zhǔ
候，恐龙是动物界的绝对霸主。

蜀龙

 kǒnglóng miè jué de yuán yīn
恐龙灭绝的原因

dà yuē wàn nián qián yì cháng kōng qián de dà jié nàn shǐ kǒng lóng děng
大约6500万年前，一场空前的大劫难使恐龙等75%
de shēng wù wù zhǒng cóng dì qiú shang yǒng yuǎn xiāo shī le
的生物物种从地球上永远消失了。

dào dǐ shì yì cháng shén me yàng de zāi nàn néng gòu ràng zhè me duō de shēng wù zhǒng qún
到底是一场什么样的灾难能够让这么多的生物种群
zài duǎn shí jiān nèi quán bù miè jué le ne yì zhí yǐ lái zhòng shuō fēn yún méi yǒu yí gè
在短时间内全部灭绝了呢？一直以来众说纷纭，没有一个
dìng lùn qí zhōng cháng jiàn de jiě shì yǒu yǔn shí pèng zhuàng shuō zào shān yùn dòng shuō
定论，其中常见的解释有陨石碰撞说、造山运动说、
qì hòu biàn dòng shuō hǎi yáng tuì cháo shuō děng
气候变动说、海洋退潮说等。

zài zhòng duō guān diǎn zhōng yǔn shí pèng zhuàng shuō bèi guǎng fàn jiē shòu jù tuī cè
在众多观点中，陨石碰撞说被广泛接受。据推测，
yuē wàn nián qián yì kē jù dà de yǔn shí céng zhuàng jī dì qiú yīn zhuàng jī ér
约6500万年前，一颗巨大的陨石曾撞击地球，因撞击而
chǎn shēng de néng liàng xiāng dāng yú wàn yì dūn huáng sè zhà yào de néng liàng fěn chén
产生的能量，相当于100万亿吨黄色炸药的能量。粉尘
kuò sàn zhì píng liú céng shù yuè zhī nèi dì qiú dōu shì yí piàn hēi àn zài zhè qī jiān yǐ
扩散至平流层，数月之内地球都是一片黑暗，在这期间，以
kǒng lóng wéi shǒu de zhòng duō shēng wù dōu yīn cǐ ér miè jué
恐龙为首的众多生物都因此而灭绝。

恐龙家族

自从1989年南极洲发现恐龙化石后，全世界七大洲都已有了恐龙的遗迹。据估计，生活于地球上的恐龙很可能在1000种以上。

异特龙

异特龙身长10～12米，身高约为5米，体重达3吨左右，具有大型、强壮的后肢，前肢较小，但十分适合猎杀植食性恐龙。很多人认为它是地球上有史以来最强大的猎食动物。

异特龙

恐爪龙

恐爪龙全长约3米，有着非常锋利的牙齿和坚固的下巴，性情凶暴，动作敏捷，奔跑迅速，具有极强的攻击性。

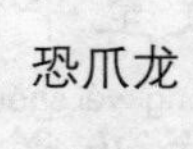
恐爪龙

霸王龙

霸王龙是有记录以来，生活在地球上的最大型的肉食恐龙之一，长约15米，体重7吨左右，嘴很大，有些牙齿长达18厘米，奔跑起来时速可达40千米以上。

霸王龙

鸭嘴龙

鸭嘴龙是植食性恐龙，它的体形庞大，身长10米左右，高3米左右，体重达数吨至数十吨。

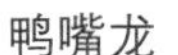

鸭嘴龙

豪勇龙

豪勇龙 háo yǒng lóng

háo yǒng lóng tǐ cháng　mǐ zuǒ yòu　　tā shēng cún de shí dài yè jiān hán lěng　bái tiān
豪勇龙体长7米左右，它生存的时代夜间寒冷、白天

gān rè　　tā de　fān　　dà gài kě yǐ bāng zhù tā bǎo chí tǐ wēn de wěn dìng　háo yǒng lóng
干热，它的“帆”大概可以帮助它保持体温的稳定。豪勇龙

de mǔ zhǐ dīng shì zuì yǒu yòng de wǔ qì　　lì rú bǐ shǒu
的拇指钉是最有用的武器，利如匕首。

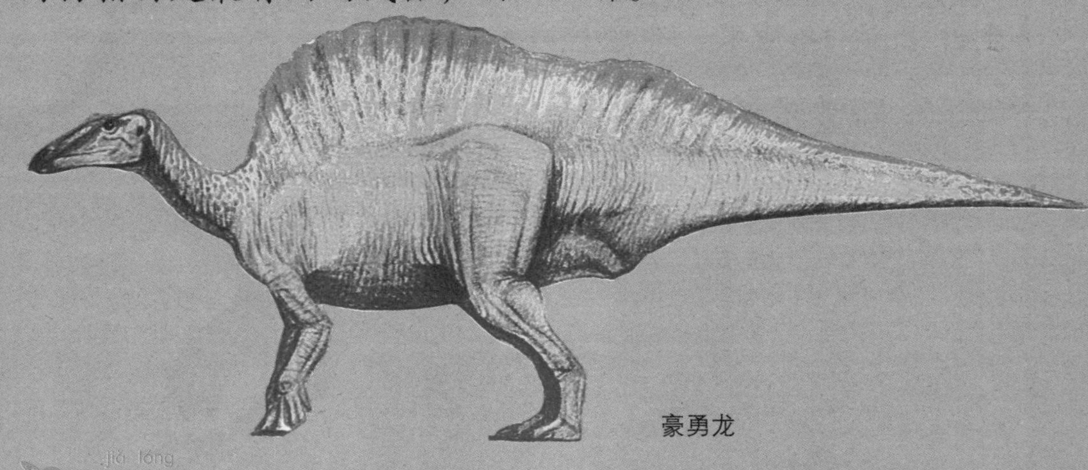
豪勇龙

甲龙 jiǎ lóng

jiǎ lóng shēn shang zhǎng yǒu hòu hòu de yìng jiǎ　　tǐ cháng wéi　　　　　mǐ　kuān

甲龙身上长有厚厚的硬甲，体长为5～6.5米，宽

yuē　　mǐ　gāo yuē　　mǐ tǐ zhòng yuē wéi　dūn　tóu dǐng yǒu yí duì jiǎo
约1.5米，高约1.7米，体重约为2吨，头顶有一对角，4

tiáo tuǐ yǔ bó zi dōu hěn duǎn　　nǎo dai zé fēi cháng kuān
条腿与脖子都很短，脑袋则非常宽。

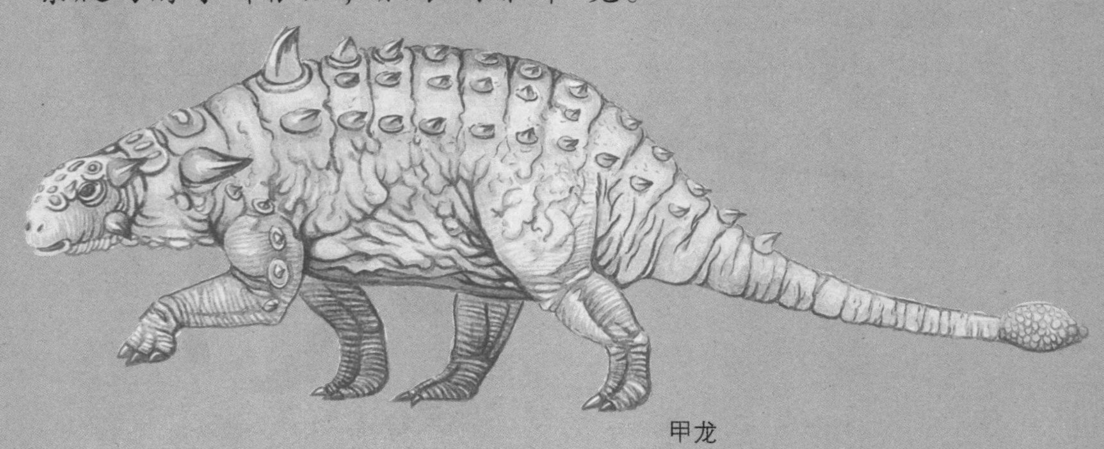
甲龙

无脊椎动物

无脊椎动物一般可以理解为是背侧没有脊柱的动物，它们是动物的原始形式。

身体特征

无脊椎动物一般都体形小，身体柔软，长有坚硬的外骨骼。它们主要靠外骨骼保护身体，但是却没有坚硬的能附着肌肉的内骨骼。它们体内没有调温系统，身体温度会随外界温度的变化而变化。

珊瑚

分布

地球上无脊椎动物的出现至少比脊椎动物早1亿年，多数的无脊椎动物都是水生动物，也有一些生活在陆地上，还有一些寄生于其他动物、植物体表或体内。它们分布在世界各地，占现存动物的90%以上。

海星

鹦鹉螺

分类

无脊椎动物一般包括原生动物、软体动物、节肢动物、海绵动物、腔肠动物、环节动物等。

海绵动物

出水口
皮层细胞
领细胞
骨针
孔细胞
变形细胞
中央腔
进水小孔

海绵结构图

海绵是最简单的无脊椎动物，它们是由一群无差别的细胞组成的。海绵体壁有内外两层，海水从它们身体经过时，海水中的微生物和氧气就会被吸收。海绵动物大多生存在浅海、深海中，少数附着于河流、池沼的底部。

海绵

qiāng cháng dòng wù
腔肠动物

qiāng cháng dòng wù yuē yǒu wàn
腔肠动物约有1万
zhǒng quán bù shuǐ shēng jué dà bù fen
种，全部水生，绝大部分
shēng huó zài hǎi shuǐ zhōng zhǐ yǒu dàn shuǐ
生活在海水中，只有淡水
shuǐ xī hé táo huā shuǐ mǔ děng shǎo shù zhǒng
水螅和桃花水母等少数种
lèi shēng huó zài dàn shuǐ li shuǐ xī shuǐ
类生活在淡水里。水螅、水
mǔ shān hú chóng hǎi kuí shì tā men de
母、珊瑚虫、海葵是它们的
dài biǎo zhǒng lèi
代表种类。

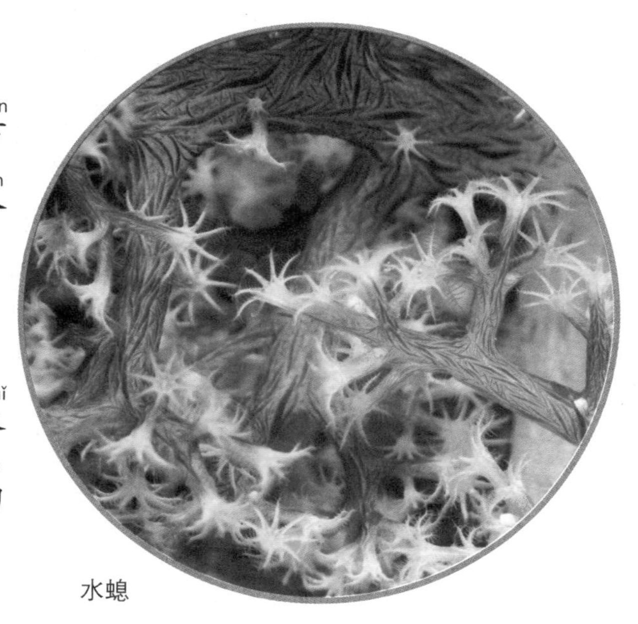

水螅

海葵

扁形动物
biǎn xíng dòng wù

biǎn xíng dòng wù yì bān shēn tǐ chéng biǎn xíng zuǒ yòu duì chèn duō wéi cí xióng tóng

扁形动物一般身体呈扁形，左右对称，多为雌雄同

tǐ yǐ jì lù de biǎn xíng dòng wù yuē yǒu zhǒng shēng huó yú dàn shuǐ hǎi shuǐ
体。已记录的扁形动物约有15000种，生活于淡水、海水

děng cháo shī chù yì bān fēn wéi wō chóng gāng xī chóng gāng hé tāo chóng gāng tā men de
等潮湿处，一般分为涡虫纲、吸虫纲和绦虫纲。它们的

xiāo huà xì tǒng yǔ yì bān qiāng cháng dòng wù xiāng sì tōng dào tǐ wài de kāi kǒng jì shì kǒu
消化系统与一般腔肠动物相似，通到体外的开孔既是口

yòu shì gāng mén chú le cháng yǐ wài tā men méi yǒu guǎng dà de tǐ qiāng cháng shì yóu nèi
又是肛门。除了肠以外，它们没有广大的体腔。肠是由内

zàng céng xíng chéng de máng guǎn yíng jì shēng shēng huó de zhǒng lèi xiāo huà xì tǒng qū yú
脏层形成的盲管，营寄生生活的种类，消化系统趋于

tuì huà huò wán quán xiāo shī
退化或完全消失。

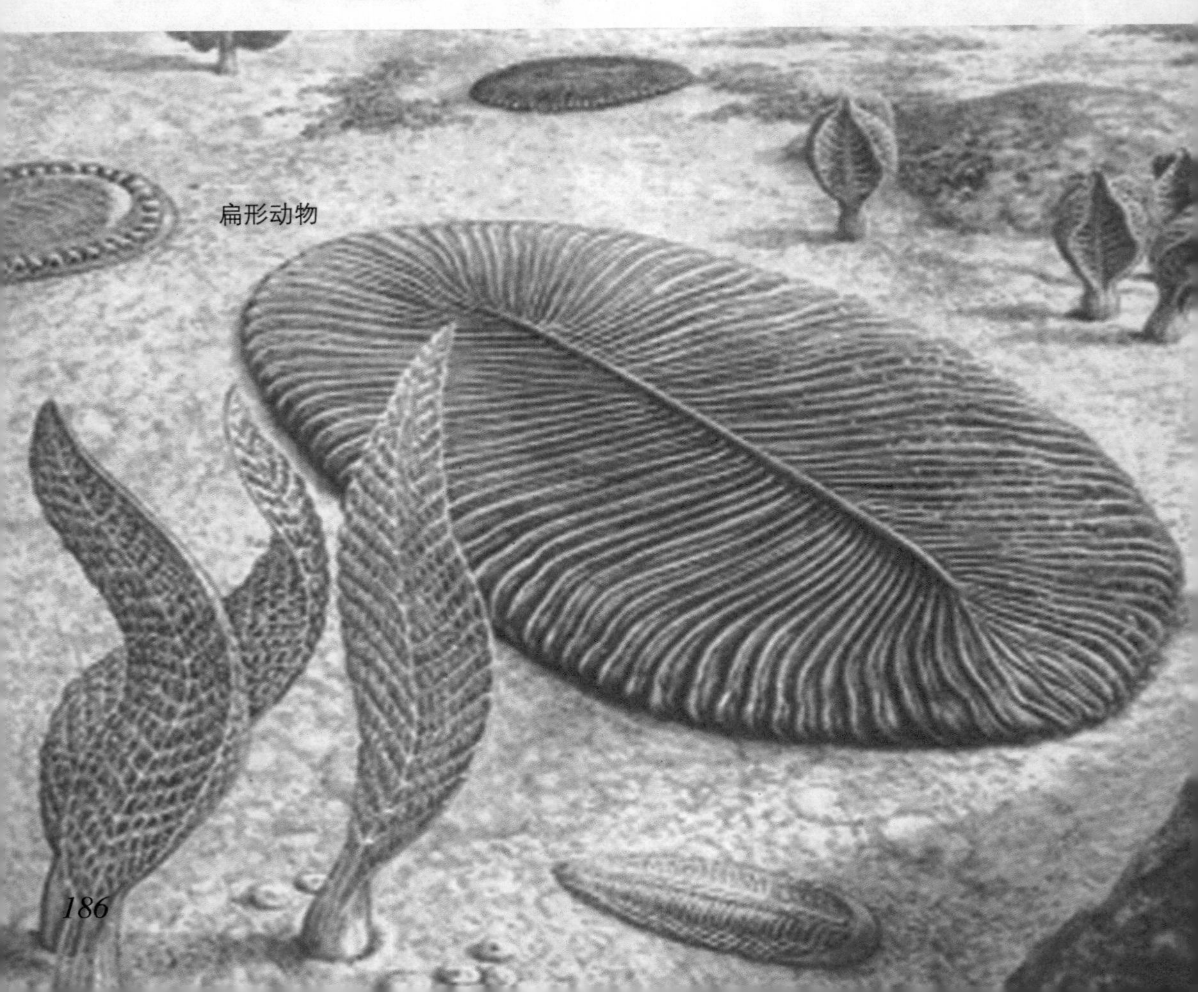

扁形动物

ruǎn tǐ dòng wù
软体动物

软体动物在无脊椎动物中是第二大门类，约 75000 种。有水生和陆生种类，但以水生种类最为丰富。由于生活习性不同，各类软体动物之间外形差别很大，但是它们的基本结构是相同的。

现有的软体动物可分为 7 个纲：单板纲、多板纲、无

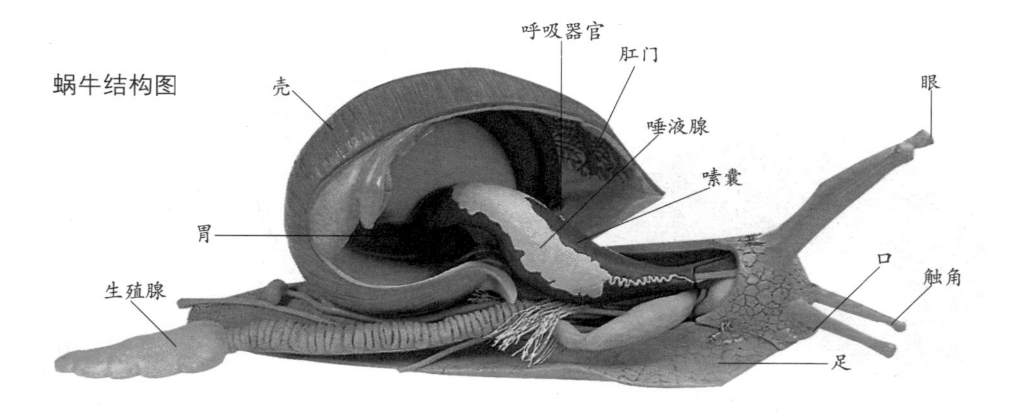

蜗牛结构图

板纲、腹足纲、瓣鳃纲、掘足纲、头足纲。由于种类繁多，所以软体动物的大小也不尽相同。

一些品种小到几乎无法直接用肉眼看到，而一些大的鱿鱼竟长达 15 米。

章鱼

huán jié dòng wù
环节动物

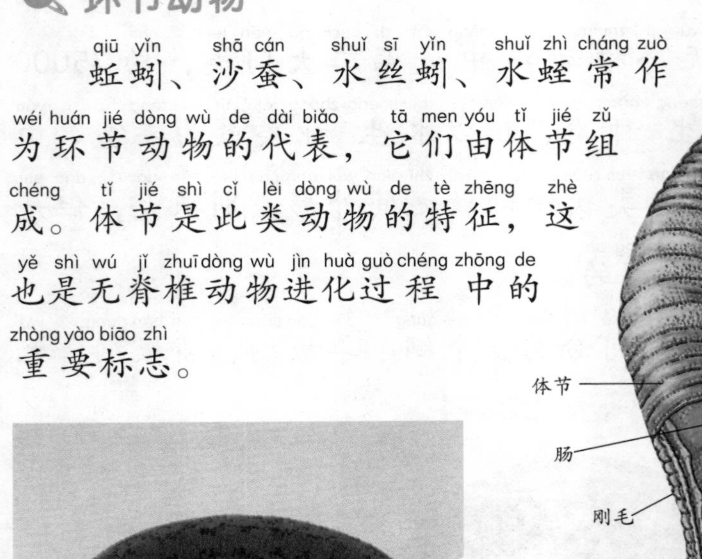

qiū yǐn shā cán shuǐ sī yǐn shuǐ zhì cháng zuò
蚯蚓、沙蚕、水丝蚓、水蛭常作
wéi huán jié dòng wù de dài biǎo tā men yóu tǐ jié zǔ
为环节动物的代表，它们由体节组
chéng tǐ jié shì cǐ lèi dòng wù de tè zhēng zhè
成。体节是此类动物的特征，这
yě shì wú jǐ zhuī dòng wù jìn huà guò chéng zhōng de
也是无脊椎动物进化过程中的
zhòng yào biāo zhì
重要标志。

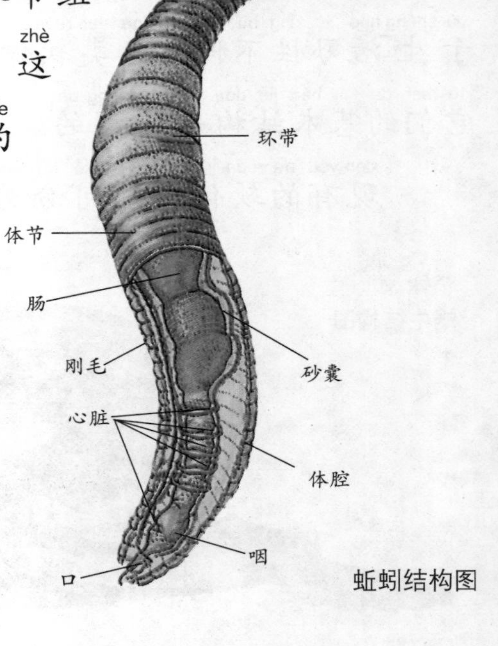

蚯蚓结构图

水蛭

螃蟹

螯

长触角

复眼

有关节的腿

外生骨骼

帮助游动的尾扇

节肢动物

jié zhī dòng wù

zài wú jǐ zhuī dòng wù zhōng jié

在无脊椎动物中，节

zhī dòng wù shì zuì zhòng yào ér qiě zhǒng lèi
肢动物是最重要而且种类

zuì duō de yì zhǒng tā men de shēn tǐ hé
最多的一种，它们的身体和

tuǐ yóu jié gòu yǔ jī néng gè bù xiāng tóng
腿由结构与机能各不相同

de tǐ jié gòu chéng cháng jiàn de yǒu xiā
的体节构成，常见的有虾、

xiè zhī zhū wú gōng jí gè lèi kūn
蟹、蜘蛛、蜈蚣及各类昆

chóng děng
虫等。

龙虾外部结构

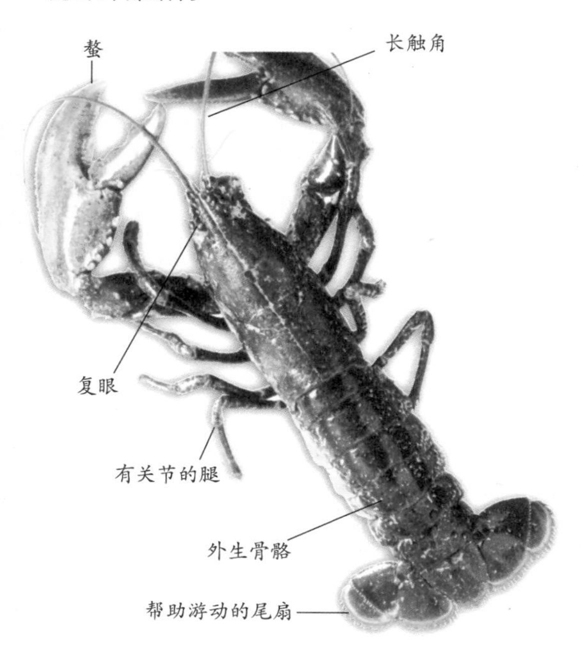

蜻蜓

鱼类

鱼类是最古老、最低等的脊椎动物，它们几乎栖居于地球上所有的水生环境中——从淡水的湖泊、河流到咸水的大海和大洋。世界上现存的鱼类有2万多种。

身体特征

鱼类终年生活在水中，用鳃呼吸，用鳍辅助身体平衡与运动。大多数的鱼都披有鳞片并长有侧线感觉器官，体温会随着外界温度的改变而改变。

分类

现存鱼类按其骨骼性质可以分为软骨鱼和硬骨鱼两类。

鱼类

软骨鱼

ruǎn gǔ yú shì gǔ jià yóu ruǎn gǔ ér bú shì yìng gǔ gòu chéng de yú lèi　ruǎn gǔ yú

软骨鱼是骨架由软骨而不是硬骨构成的鱼类。软骨鱼
dà yuē yǒu　zhǒng　dà bù fen dōu shì shēng huó zài hǎi shuǐ zhōng de shí ròu dòng wù　shā
大约有700种，大部分都是生活在海水中的食肉动物。鲨
yú shì ruǎn gǔ yú de dài biǎo
鱼是软骨鱼的代表。

硬骨鱼

chú ruǎn gǔ yú wài de suǒ

除软骨鱼外的所
yǒu yú lèi dōu kě yǐ chēng wéi yìng gǔ
有鱼类都可以称为硬骨
yú　zhǔ yào tè zhēng shì yú tǐ gǔ jià zhì
鱼，主要特征是鱼体骨架至
shǎo yǒu yí bù fen shì yóu zhēn zhèng de gǔ tou zǔ
少有一部分是由真正的骨头组
chéng de gǔ gé
成的骨骼。

鳐是软骨鱼

鱼类

硬骨鱼结构图

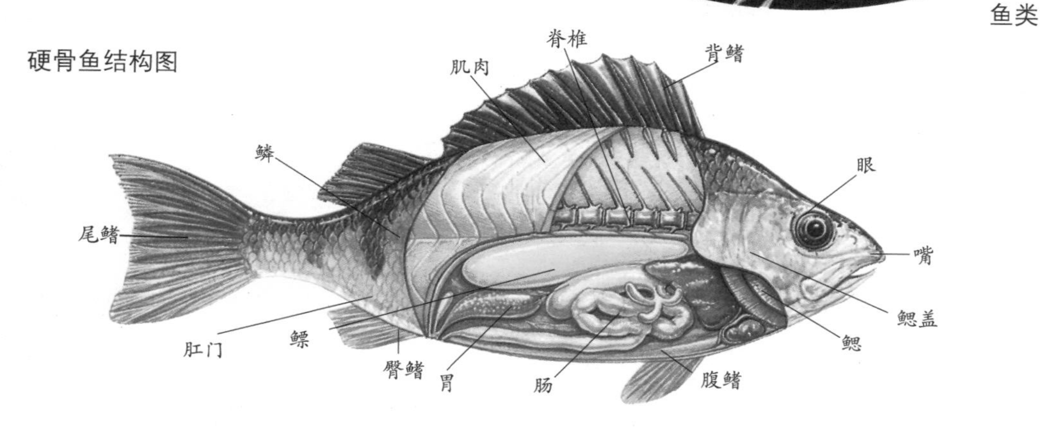

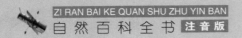

qiān qí bǎi guài de yú
千奇百怪的鱼

yú shì jǐ zhuī dòng wù zhōng zuì gǔ lǎo de yí lèi zài hǎi yáng zhōng yú de pǐn zhǒng hěn duō
鱼是脊椎动物中最古老的一类，在海洋中鱼的品种很多，
dōu miàn lín zhe jì yào zhǎo dào shí wù yòu yào bì miǎn zì jǐ chéng wéi shí wù de wèn tí wèi le shēng
都面临着既要找到食物，又要避免自己成为食物的问题。为了生
cún xǔ duō yú lèi dōu yōng yǒu kě yòng yú fáng wèi huò gōng jī de wǔ qì suǒ yǐ yú lèi shì jiè li chū
存，许多鱼类都拥有可用于防卫或攻击的武器。所以鱼类世界里出
xiàn le yì xiē zhǎng xiàng qí guài shēng huó fāng shì shí fēn guài yì de yú
现了一些长相奇怪、生活方式十分怪异的鱼。

jīng shā
鲸鲨

jīng shā shì shì jiè shang zuì dà de yú tā yì bān tǐ cháng mǐ zuǒ yòu zuì cháng de dá
鲸鲨是世界上最大的鱼，它一般体长10米左右，最长的达20

鲸鲨

灯笼鱼

mǐ tǐ zhòng xiāng dāng yú tóu dà xiàng de zhòng liàng
米，体重相当于6头大象的重量。
bié kàn tā zhǎng de páng dà kě pà qí shí xìng qíng shí fēn
别看它长得庞大可怕，其实性情十分
wēn hé zhǔ yào shí wù shì fú yóu shēng wù hé xiǎo yú
温和，主要食物是浮游生物和小鱼。

灯笼鱼

它因在头部或腹部有成群、成行或单独的形似灯笼的小圆形发光器而得名。白天，发光器是白色的，只有到了夜晚，它才会闪光。灯笼鱼身上有能够控制光亮的“开关”。

小丑鱼

因外貌多少有点儿像京剧里的丑角，所以被人们称为“小丑鱼”。又因为它们喜欢和海葵在一起，人们也叫它们“海葵鱼”。

小丑鱼

小丑鱼喜欢生活在带有毒刺的海葵丛中。它们的身体表面拥有特殊的黏液，可保护它们不受海葵的影响而安全自在地生活于其间。有了海葵的保护，小丑鱼可以免受其他大鱼的攻击，还可以吃海葵吃剩的食物。对海葵而言，它们可借着小丑鱼的自由进出吸引其他的鱼类靠近，增加捕食的机会；小丑鱼亦可除去海葵的坏死组织及寄生虫，同时小丑鱼的游动可减少残屑沉积在海葵丛中。

淡水鱼

狭义上说，一生只能生活在淡水中的鱼类，称为淡水鱼。广义上说，一生大部分时间生活在淡水中，偶尔生活或栖息于半淡咸水、海水中的鱼类，以及栖息于海水或半淡咸水，也会在淡水中生活，或进入半淡咸水中活动的鱼类，都被称为淡水鱼。世界上已知的淡水鱼约有8000种。

分布

基本上只要有淡水的地方，就有淡水鱼生活，上至温暖宜人的温泉，下至冻人心肺的南北极，都可找到淡水鱼的踪迹。

食性

多数的淡水鱼都是植食性或杂食性鱼类，但也有少数的淡水鱼为肉食性鱼类。

淡水鱼

lǐ yú
鲤鱼

lǐ yú shì yà zhōu yuán chǎn de wēn dài xìng dàn shuǐ
鲤鱼是亚洲原产的温带性淡水
yú bèi qí de gēn bù cháng tōng cháng kǒu biān yǒu xū
鱼，背鳍的根部长，通常口边有须，
dàn yě yǒu de méi yǒu xū kǒu qiāng de shēn chù yǒu yān hóu
但也有的没有须。口腔的深处有咽喉
chǐ yòng lái mó suì shí wù lǐ yú de zhǒng lèi hěn duō
齿，用来磨碎食物。鲤鱼的种类很多，
yuē yǒu zhǒng
约有2900种。

鲤鱼

jīn yú
金鱼

jīn yú de tǐ tài qīng yíng sè cǎi yàn lì yóu qǐ lái zī tài yōu
金鱼的体态轻盈，色彩艳丽，游起来姿态优
yǎ shì zhù míng de guān shǎng yú lèi wǒ guó shì jīn yú de gù xiāng jīn yú de
雅，是著名的观赏鱼类。我国是金鱼的故乡，金鱼的
zǔ xiān shì jì yú bǎ jì yú zhú bù péi yǎng xùn huà chéng jīn yú jīng guò le yí gè màn
祖先是鲫鱼。把鲫鱼逐步培养驯化成金鱼，经过了一个漫
cháng de guò chéng jīn yú yǒu shí huì biàn sè zhè shì shòu shén jīng xì tǒng hé nèi fēn mì xì
长的过程。金鱼有时会变色，这是受神经系统和内分泌系
tǒng kòng zhì de dāng jīn yú shòu shāng shēng bìng huò shuǐ zhōng quē yǎng shuǐ zhì biàn chà shí
统控制的。当金鱼受伤、生病或水中缺氧、水质变差时，
jīn yú de tǐ sè jiù huì biàn
金鱼的体色就会变
àn bìng qiě shī qù guāng zé
暗并且失去光泽；
rú guǒ yòng qiáng liè de dēng
如果用强烈的灯
guāng zhào shè tā men yì xiē
光照射它们，一些
jīn yú tǐ biǎo hái huì xiǎn xiàn
金鱼体表还会显现
chū tè bié de bān wén
出特别的斑纹。

金鱼

咸水鱼

咸水鱼又称海水鱼，即生活在海水中的鱼，也可以说是除淡水鱼之外的鱼。咸水鱼是碘的良好来源。

海马

海马的模样十分特别，一般体长15～33厘米，有一个大大的马脑袋似的头，并且总是高高地仰起。它是整个鱼类中唯一只能立着游泳的鱼。海马吃小型的甲壳动物和其他在水里游动的小型动物。

海马

鲨鱼

鲨鱼是海洋的死亡使者，遍布世界各大洋，甚至在冷水海域中也能发现它们的影子。鲨鱼约有8目30科，350种。其中有20多种肉食性鲨鱼会主动攻击人类。多数鲨鱼体形较大，相比之下，它们的胸鳍和尾鳍就显得较小，在游泳时不得不像蛇一样将身体左右摆动。这种身体构造使它们掉转方向的能力很差，它们想要倒退更是不可能。因此它们很容易陷入像刺网这样的障碍中，而且一陷入就难以自救，无法转身回游。鲨鱼从出生后就开始游动，不能随意停止，顶多可以稍作盘旋，否则便会窒息而死。

鲨鱼长有五六排牙齿，看起来十分吓人，但只有最外排的牙齿才真正能起作用，其余的牙齿都是备用的。一旦外层牙齿有脱落，里面最近一排的牙齿就会马上移动到前面来填补空缺。大牙齿还会随着鲨鱼的生长而不断地取代小牙齿。据统计，有的鲨鱼在10年内竟要换掉两万余颗牙齿，其换齿的数量和速度都令人惊叹。

哺乳动物
bǔ rǔ dòng wù

mù qián dì qiú shang yǐ zhī de dòng wù zhǒng lèi dà yuē yǒu　　wàn zhǒng　yīn wèi bǔ rǔ dòng

目前地球上已知的动物种类大约有150万种，因为哺乳动

wù de tǐ nèi yǒu yì tiáo yóu xǔ duō jǐ zhuī gǔ xiāng jiē ér chéng de jǐ zhuī　suǒ yǐ wǒ men shuō bǔ rǔ
物的体内有一条由许多脊椎骨相接而成的脊椎，所以我们说哺乳

dòng wù shì jǐ zhuī dòng wù de yì zhǒng
动物是脊椎动物的一种。

高级动物
gāo jí dòng wù

bǔ rǔ dòng wù jù bèi le xǔ duō dú yǒu de tè zhēng　zài jìn huà guò chéng zhōng huò dé

哺乳动物具备了许多独有的特征，在进化过程中获得

le jí dà de chéng gōng　tā shì dòng wù fā zhǎn shǐ shang zuì gāo jí de jiē duàn　yě shì yǔ
了极大的成功，它是动物发展史上最高级的阶段，也是与

rén lèi guān xì zuì mì qiè de yí gè lèi qún
人类关系最密切的一个类群。

生育方式
shēng yù fāng shì

dà bù fen de bǔ rǔ dòng

大部分的哺乳动

wù dōu shì tāi shēng　bìngyòng rǔ
物都是胎生，并用乳

xiàn bǔ yù hòu dài de　　yě
腺哺育后代的，也

yǒu luǎn shēng de bǔ rǔ dòng
有卵生的哺乳动

wù　　rú yā zuǐ shòu
物，如鸭嘴兽。

鸭嘴兽

身体特征
shēn tǐ tè zhēng

yīn wèi dà duō shù bǔ

因为大多数哺

rǔ dòng wù de shēn tǐ yǒu máo
乳动物的身体有毛

熊猫

覆盖着，所以它在环境温度发生变化时也能保持体温的相对稳定。哺乳动物的大脑比较发达，通过口腔咀嚼和消化，提高了对能量及营养的摄取。

针鼹

哺乳动物的四肢一般都强壮灵敏，这就减少了它对外界环境的依赖，也因此扩大了分布范围。

形形色色的哺乳动物

地球的每个角落都生活着形形色色的哺乳动物，但哺乳动物与外界环境的关系是极其错综复杂的。不同种类的哺乳动物的形态结构、生活习性等方面均表现出了对各种环境的适应性。

最大的哺乳动物——蓝鲸

蓝鲸又名剃刀鲸，背脊呈浅蓝色，腹部布满褶皱，带有黄斑。最大的蓝鲸体重可达180吨。蓝鲸的力气极大，相当于一台中型火车头的拉力。

海獭

最大的陆地哺乳动物——象

象是世界上最古老的动物之一，远祖可追溯到数十万年前的长毛象。以母权为主的象群，生活在大草原或林木茂盛的热带雨林之中。现存非洲象、非洲森林象及亚

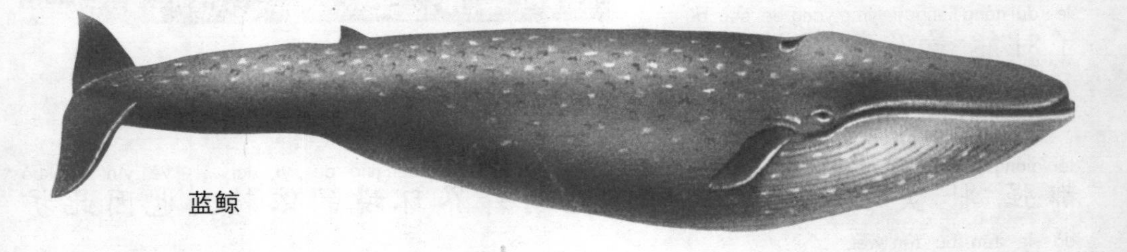
蓝鲸

xíng xíng sè sè de bǔ rǔ dòng wù
形形色色的哺乳动物

dì qiú de měi gè jiǎo luò dōu shēng huó zhe xíng xíng sè sè de bǔ rǔ dòng wù　　dàn bǔ rǔ dòng wù
地球的每个角落都 生 活着形形色色的哺乳动物，但哺乳动物

yǔ wài jiè huán jìng de guān xì shì jí qí cuò zōng fù zá de　　　bù tóng zhǒng lèi de bǔ rǔ dòng wù de xíng
与外界环境的关系是极其错综复杂的。不同 种 类的哺乳动物的形

tài jié gòu　　 shēng huó xí xìng děng fāng miàn jūn biǎo xiàn chū le duì gè zhǒng huán jìng de shì yìng xìng
态结构、 生 活习性 等 方面均表现出了对各种 环境的适应性。

zuì dà de bǔ rǔ dòng wù —— lán jīng
最大的哺乳动物——蓝鲸

lán jīng yòu míng tì dāo jīng　　 bèi jǐ chéng qiǎn
蓝鲸又名剃刀鲸，背脊呈浅

lán sè　 fù bù bù mǎn zhě zhòu　 dài yǒu huáng
蓝色，腹部布满褶皱，带有黄

bān　 zuì dà de lán jīng tǐ zhòng kě dá
斑。最大的蓝鲸体重可达180

dūn　 lán jīng de lì qì jí dà　 xiāng dāng yú yì
吨。蓝鲸的力气极大，相当于一

tái zhōng xíng huǒ chē tóu de lā lì
台中 型火车头的拉力。

海獭

zuì dà de lù dì bǔ rǔ dòng wù —— xiàng
最大的陆地哺乳动物——象

xiàng shì shì jiè shang zuì gǔ lǎo de dòng wù zhī yī　　 yuǎn zǔ kě zhuī sù dào shù shí wàn
象是世界上最古老的动物之一，远祖可追溯到数十万

nián qián de cháng máo xiàng　　 yǐ mǔ quán wéi zhǔ de xiàng qún　 shēng huó zài dà cǎo yuán huò lín
年前的长毛象。以母权为主的象群， 生 活在大草原或林

mù mào shèng de rè dài yǔ lín zhī zhōng　　 xiàn cún fēi zhōu xiàng　 fēi zhōu sēn lín xiàng jí yà
木茂盛的热带雨林之中。现存非洲象、非洲森林象及亚

蓝鲸

洲象三个种类。非洲象体形较大，亚洲象相对较小。非洲象性格暴躁，有可能攻击其他动物，相比之下，亚洲象脾性较显温和。

象的个头比较大，所需热量极多，而它们的食物又都是植物，所含热量少，于是它们不得不总是补充能量，这也是它们食量大的原因。一头成年象每天的食物重量达220千克以上。这个数字真的很惊人，足以证明它们是无与伦比的大胃王。

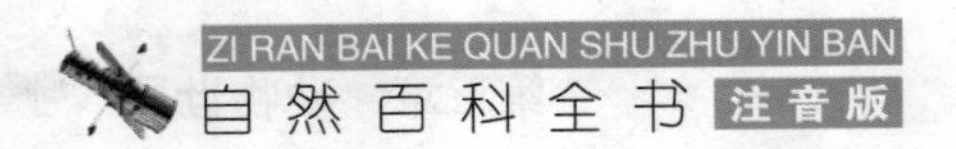

嘴巴最大的陆生哺乳动物——河马

河马的个儿真不小，肥胖的身体长约4米，重0.9～1.8吨，只比非洲象稍轻一些，但它与象比起来，是名副其实的矮子，因为它的四肢又粗又短，不过正是这4条小短腿支撑着它庞大的身躯。

河马家族是不折不扣的母系社会，如果有谁胆敢不听话，统治全家的雌河马就会打个呵欠，露出它那凸起的犬齿与巨大的门牙，告诫不听话的家伙。假使威胁失效，它就会立刻动用武力。

雄河马总是待在河的外围，而把河的中心部分留给了雌河马和河马宝宝。因为中心位置是最安全的地带，雄河马在外围层层围绕可以起到很好的保护作用。

聪明的“金刚”——大猩猩

猩猩具有比其他动物更为发达的大脑。它能用面部表达喜怒哀乐等多种表情，能用四肢表现复杂多样的行为，能把树枝用树藤绑在一起做成床，在床顶用树枝搭起伞状顶棚以避风雨等。

成熟的雄猩猩要比雌猩猩大很多，随着年龄的增长，它们的“头发”会变成银灰色。它们活动范围很大，主要以树叶、嫩枝、果实为食。

赛跑冠军——非洲猎豹

在非洲草原上，猎豹的奔跑速度一般可达每小时60～70千米，最高奔跑时速可达120千米左右。一般的汽车都难以和它相比，更不用说其他动物了。

肉食性哺乳动物

哺乳动物中有一类动物主要吃肉类，我们称其为肉食性哺乳动物。肉食性哺乳动物也可以吃腐肉或吸血。狮、虎是肉食性哺乳动物的代表，都被称为“动物之王”。

狮子

狮子是唯一的一种雌雄两态的猫科动物，雄性外形漂亮，威风凛凛，奔跑速度快，是地球上力量最强大的猫科动物之一，常群居。野生雄狮平均体长可达2.5米以上，重可达300千克，而雌狮仅相当于雄狮的2/3左右大小，体重最多也只有160多千克。雌狮的头部较小，表面布满了短毛，而雄狮头颅硕大，上面长满了极其夸张的长鬃。

ròu shí xìng bǔ rǔ dòng wù
肉食性哺乳动物

bǔ rǔ dòng wù zhōng yǒu yí lèi dòng wù zhǔ yào chī ròu lèi wǒ men chēng qí wéi ròu shí xìng bǔ
哺乳动物中有一类动物主要吃肉类，我们 称 其为肉食性哺

rǔ dòng wù ròu shí xìng bǔ rǔ dòng wù yě kě yǐ chī fǔ ròu huò xī xuè shī hǔ shì ròu shí xìng
乳动物。肉食性哺乳动物也可以吃腐肉或吸血。狮、虎是肉食性

bǔ rǔ dòng wù de dài biǎo dōu bèi chēng wéi dòng wù zhī wáng
哺乳动物的代表，都被称为"动物之王"。

shī zi
狮子

shī zi shì wéi yī de yì zhǒng cí xióng liǎng tài de māo
狮子是唯一的一种雌雄 两态的猫

kē dòng wù xióng xìng wài xíng piào liang wēi fēng lǐn
科动物，雄性外形漂亮，威风凛

lǐn bēn pǎo sù dù kuài shì dì qiú shang lì
凛，奔跑速度快，是地球上力

liàng zuì qiáng dà de māo kē dòng wù zhī yī
量最强大的猫科动物之一，

cháng qún jū yě shēng xióng shī píng jūn tǐ
常群居。野生 雄狮平均体

cháng kě dá mǐ yǐ shàng zhòng kě dá
长可达2.5米以上，重可达

qiān kè ér cí shī jǐn xiāng dāng yú
300千克，而雌狮仅相当于

xióng shī de zuǒ yòu dà xiǎo tǐ zhòng
雄狮的2/3左右大小，体重

zuì duō yě zhǐ yǒu duō qiān kè cí
最多也只有160多千克。雌

shī de tóu bù jiào xiǎo biǎo miàn bù mǎn le
狮的头部较小，表面布满了

duǎn máo ér xióng shī tóu lú shuò dà shàng
短毛，而雄狮头颅硕大，上

miàn zhǎng mǎn le jí qí kuā zhāng de cháng zōng
面长满了极其夸张的长鬃。

虎

虎 hǔ

hǔ shēng lái jiù shì chū sè de shā shǒu　tā máo sè liàng lì　wěi rú gāng biān　xìng

虎生来就是出色的杀手。它毛色亮丽，尾如钢鞭，性
qíng xiōng měng　lì qi chāo qún　bèi rén men chēng wéi　wàn shòu zhī wáng　hé　sēn lín
情凶猛，力气超群，被人们称为“万兽之王”和“森林
zhī wáng　cóng běi fāng hán lěng de xī bó lì yà dì qū dào nán yà de rè dài cóng lín　dōu
之王”。从北方寒冷的西伯利亚地区到南亚的热带丛林，都
néng jiàn dào qí qiáng zhuàng　wēi wǔ de shēn yǐng
能见到其强壮、威武的身影。

豹 bào

bào guǎng fàn fēn bù yú fēi zhōu hé yà zhōu de guǎng dà dì qū　yì bān lái shuō

豹广泛分布于非洲和亚洲的广大地区。一般来说，
bào gè yǒu lǐng yù bìng qiě dú jū　bào zi de bǔ shí běn lǐng hěn gāo　tā bēn pǎo qǐ lái kuài
豹各有领域并且独居。豹子的捕食本领很高，它奔跑起来快
rú shǎn diàn　hái shàn cháng pá shù
如闪电，还擅长爬树。

植食性哺乳动物
zhí shí xìng bǔ rǔ dòng wù

植食性哺乳动物指的是主要吃植物，而不吃肉类的动物。植食性哺乳动物可以分为食果动物及食叶动物，前者主要吃果实，后者则主要吃叶子。

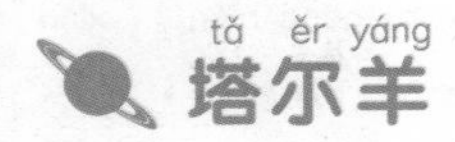

塔尔羊
tǎ ěr yáng

塔尔羊是一种十分珍稀的动物，在我国已列为国家一级保护动物，一般栖息于海拔 2500 ~ 3000 米的喜马拉雅山南坡，从不进入林带以上的地区。塔尔羊的外貌有点儿像山羊，不过公羊颏下没有须，吻部光秃无毛。

塔尔羊

斑马

鹿

鹿 lù

lù yǒu hěn duō zhǒng lèi yóu yú shēng huó dì qū bù tóng lù de
鹿有很多种类，由于生活地区不同，鹿的

tǐ xíng dà xiǎo máo sè lù jiǎo de xíng zhuàng dōu yǒu hěn dà de chā
体形大小、毛色，鹿角的形状都有很大的差

yì lù shì diǎn xíng de zhí shí xìng dòng wù suǒ chī shí wù bāo kuò
异。鹿是典型的植食性动物，所吃食物包括

cǎo shù yè nèn zhī hé yòu shù miáo děng
草、树叶、嫩枝和幼树苗等。

cháng jǐng lù de jǐng hěn cháng tóu dǐng dào dì miàn de jù lí kě

长颈鹿的颈很长，头顶到地面的距离可

dá 4.5 ~ 6.1 mǐ tā de zuǐ chún hé shé tou yě néng gòu shēn de
达 4.5 ~ 6.1 米。它的嘴唇和舌头也能够伸得

hěn cháng zhè kě yǐ mí bǔ tā de jǐng bù guò cháng zhī bù zú cháng jǐng lù
很长，这可以弥补它的颈部过长之不足。长颈鹿

hěn shǎo yǐn shuǐ shèn zhì jǐ xīng qī dōu kě
很少饮水，甚至几星期都可

yǐ dī shuǐ bú jìn qí shēn tǐ suǒ xū de
以滴水不进，其身体所需的

shuǐ fèn cháng cháng shì kào jǔ jué zhēn yè shí
水分常常是靠咀嚼针叶食

wù hé cǎo děng lái gōng yìng
物和草等来供应。

白唇鹿

长颈鹿

hǎi yáng bǔ rǔ dòng wù
海洋哺乳动物

bǔ rǔ dòng wù zhōng shì yú zài hǎi yáng huán jìng zhōng qī xī huó dòng de yí lèi bèi chēng wéi
哺乳动物中适于在海洋环境中栖息、活动的一类被称为
hǎi yáng bǔ rǔ dòng wù chú cǐ yǐ wài shēng huó zài hé liú hé hú pō zhōng de bái qí tún jiāng
海洋哺乳动物。除此以外，生活在河流和湖泊中的白鳍豚、江
tún bèi jiā ěr huán bān hǎi bào děng yīn qí fā zhǎn lì shǐ tóng hǎi yáng xiāng guān yě bèi liè wéi
豚、贝加尔环斑海豹等，因其发展历史同海洋相关，也被列为
hǎi yáng bǔ rǔ dòng wù
海洋哺乳动物。

海豚

身体特征

一般来说，海洋哺乳动物的体形都很大，部分生活在南北两极的海洋哺乳动物都有皮下脂肪或毛皮，其主要作用是保持体温，防止体热过多地散失，以适应较寒冷的生存环境。海洋哺乳动物繁殖较慢，哺乳期也较长，这主要是为了保证其后代的成活率。

知识小链接

生物分类等级

世界上生物的种类复杂多样，各物种下包含很多分支，各分支又可以划分为很多类，以此类推，真是不可胜数。将生物简单地划分为动物、植物或者鸟兽虫鱼显然是笼统而错误的。

几代生物学家经研究分析，按从大到小的顺序将界、门、纲、目、科、属、种作为生物分类等级的标准。

海豚外部结构

背鳍朝后面长，起稳定器作用
鼻孔
前额隆起
宽大而弯曲的前鳍有利于控制方向
尾部两个水平的鳍可以产生巨大的推动力

zá shí xìng bǔ rǔ dòng wù
杂食性哺乳动物

jì chī dòng wù yě chī zhí wù de shè shí xí guàn chēng wéi zá shí xìng shè shí liǎng zhǒng huò liǎng
既吃动物也吃植物的摄食习惯，称为杂食性，摄食两种或两
zhǒng yǐ shàng xìng zhì bù tóng de shí wù de dòng wù chēng wéi zá shí xìng dòng wù bǔ rǔ dòng wù zhōng de
种以上性质不同的食物的动物称为杂食性动物。哺乳动物中的
hěn duō lèi bié li dōu yǒu zá shí xìng dòng wù
很多类别里都有杂食性动物。

huàn xióng
浣熊

huàn xióng gèr jiào xiǎo yì bān zhǐ
浣熊个儿较小，一般只
yǒu qiān kè zhòng quán shēn huī bái
有7～14千克重。全身灰、白
děng sè de máo xiāng hù hùn zá zài yì qǐ huàn xióng
等色的毛相互混杂在一起。浣熊
yì bān chī guǒ shí ruǎn tǐ dòng wù yú lèi děng huàn
一般吃果实、软体动物、鱼类等。浣
xióng tè bié jiǎng wèi shēng chī dōng xi qián zǒng shì yào xiān
熊特别讲卫生。吃东西前，总是要先
bǎ shí wù zài shuǐ zhōng qīng xǐ yí xià zhè zhǒng qīng xǐ shí
把食物在水中清洗一下，这种“清洗食
wù de hǎo xí guàn zhí dé wǒ men xué xí huàn xióng de
物”的好习惯值得我们学习。浣熊的
zhuǎ zi hěn lì hai kě yǐ bǔ shí dàn shuǐ zhōng de xiā yú
爪子很厉害，可以捕食淡水中的虾、鱼
děng shuǐ shēng dòng wù
等水生动物。

浣熊

hé lí
河狸

hé lí shēn tǐ féi shuò tún bù gǔn yuán shēn shang yǒu xì mì guāng liàng de pí
河狸身体肥硕，臀部滚圆，身上有细密、光亮的皮
máo shì yì zhǒng fēi cháng zhēn xī de dòng wù tā de pí máo shí fēn zhēn guì yóu yú rén
毛，是一种非常珍稀的动物。它的皮毛十分珍贵。由于人
men fēng kuáng liè shā yě shēng hé lí bīn lín miè jué
们疯狂猎杀，野生河狸濒临灭绝。

hé lí shì niè chǐ dòng wù zhǎng de hěn
河狸是啮齿动物，长得很
xiàng lǎo shǔ dàn shì tā de tǐ xíng yào bǐ lǎo
像老鼠。但是它的体形要比老
shǔ dà de duō hé lí de wǔ guān dōu hěn xiǎo
鼠大得多。河狸的五官都很小
qiǎo bó zi hěn duǎn dàn shì què zhǎng zhe yí
巧，脖子很短，但是却长着一
gè yuán gǔn gǔn de shēn tǐ kàn qǐ lái shí fēn
个圆滚滚的身体，看起来十分
kě ài hé lí de qián zhī duǎn ér kuān hòu
可爱。河狸的前肢短而宽，后
zhī jiào wéi cū dà yóu yú shì shuǐ lù liǎng qī
肢较为粗大，由于是水陆两栖
dòng wù suǒ yǐ hé lí de hòu zhī jiǎo zhǐ zhī
动物，所以河狸的后肢脚趾之
jiān zhǎng zhe néng gòu huá shuǐ de pǔ
间长着能够划水的蹼。

河狸

山魈

shān xiāo 山魈

shān xiāo shì yì zhǒng zhēn guì xiōng
山魈是一种珍贵、凶
měng de dà xíng hóu lèi tā men de yá
猛的大型猴类。它们的牙
chǐ yòu cháng yòu jiān yǎn jing xià miàn yǒu
齿又长又尖，眼睛下面有
gè xiān hóng de bí zi bí zi liǎng biān
个鲜红的鼻子，鼻子两边
de pí fū yǒu zhě zhòu lán zhōng tòu
的皮肤有褶皱，蓝中透
zǐ tā men zhǔ yào chī zhī yè guǒ
紫。它们主要吃枝叶、果
zi yǔ niǎo wā děng yǒu shí yě huì
子与鸟、蛙等，有时也会
chī gèng dà de jǐ zhuī dòng wù
吃更大的脊椎动物。

鲸目

鲸目动物包含大约80种生活在海洋和河流中的有胎盘的

bǔ rǔ dòng wù
哺乳动物。

zhī fáng de zuò yòng

脂肪的作用

jīng mù dòng wù shì wán quán shuǐ qī de bǔ rǔ dòng wù　　wài xíng kàn qǐ lái hé yú hěn

鲸目动物是完全水栖的哺乳动物，外形看起来和鱼很

xiāng sì　　shēn tǐ cháng dù yì bān zài　　　　mǐ zhī jiān　　pí fū luǒ lù　　jǐn wěn bù
相似，身体长度一般在1～30米之间，皮肤裸露，仅吻部

yǒu hěn shǎo de máo　　pí xià yǒu hòu hòu de zhī fáng　　zhè xiē zhī fáng yǒu zhù yú bǎo chí tǐ
有很少的毛，皮下有厚厚的脂肪。这些脂肪有助于保持体

wēn　　dāng tā men zài shuǐ zhōng huó dòng shí　　zhè xiē zhī fáng néng jiǎn shǎo shēn tǐ bǐ zhòng　yǒu
温，当它们在水中活动时，这些脂肪能减少身体比重，有

lì yú yóu yǒng
利于游泳。

shì lì chà　tīng lì hǎo

视力差，听力好

jīng mù dòng wù yì bān dōu shì lì jiào chà　　yīn wèi tā men de

鲸目动物一般都视力较差，因为它们的

yǎn jing bǐ jiào xiǎo　　méi yǒu ěr guō　　dàn tā men tīng jué líng mǐn　　yǒu
眼睛比较小，没有耳郭，但它们听觉灵敏。有

de jīng mù dòng wù mì shí hé bì dí yī kào huí shēng dìng wèi
的鲸目动物觅食和避敌依靠回声定位。

独角鲸

鲸鱼脊

chǐ jīng hé xū jīng
齿鲸和须鲸

chǐ jīng yǒu yí gè bí kǒng lì yòng jiān lì de
齿鲸有一个鼻孔，利用尖利的
yá chǐ bǔ zhuō liè wù rán hòu tūn shí zhù míng de
牙齿捕捉猎物，然后吞食。著名的
chǐ jīng yǒu mǒ xiāng jīng dú jiǎo jīng hé hǎi tún děng
齿鲸有抹香鲸、独角鲸和海豚等。

xū jīng yǒu liǎng gè wài bí kǒng kǒu zhōng méi yǒu yá chǐ
须鲸有两个外鼻孔，口中没有牙齿，
zhǐ yǒu xiàng shū zi yí yàng de xū suǒ yǐ chēng wéi xū jīng xū jīng lián hǎi shuǐ
只有像梳子一样的须，所以称为须鲸。须鲸连海水
yǔ liè wù yì qǐ tūn shí rán hòu yòng xū guò lǜ hǎi shuǐ xū jīng xìng qíng jiào wēn hé diǎn
与猎物一起吞食，然后用须过滤海水。须鲸性情较温和，典
xíng de yǒu lán jīng zuò tóu jīng huī jīng děng
型的有蓝鲸、座头鲸、灰鲸等。

灰鲸

shí wù lái yuán
食物来源

yì bān de jīng mù dòng wù dōu yǐ ruǎn tǐ dòng
一般的鲸目动物都以软体动
wù yú lèi hé fú yóu dòng wù wéi shí yǒu de
物、鱼类和浮游动物为食，有的
zhǒng lèi yě néng bǔ shí hǎi bào hǎi gǒu děng
种类也能捕食海豹、海狗等。

鳍足目

鳍足目动物大都是水栖、半水栖的大型肉食性动物。主要种类有海豹、海狮、海狗、海象等。

身体特征

鳍足目动物的身体一般是纺锤形的，体长，有密密的短毛，头圆，脖子短。四肢具有五趾，趾间被肥厚的蹼膜连成鱼鳍状，适于游泳，故称“鳍足目”。

习性

鳍足目动物的耳郭很小，有一些甚至根本没有耳郭。但是它们的听觉、视觉和嗅觉都很灵敏。因为它们的鼻子和耳孔里有可以活动的瓣状膜，这些膜能在潜水时关闭鼻孔和外耳道，因此它们的潜水时间可持续5～20分钟。鳍足目动物的嘴通常较大，多数时候都是不加咀嚼地整吞食物，一般吃鱼类、贝类和一些软体动物。

海豹

海狮和海豹

海狮

海狮和海豹很相似，但也容易区分。在陆地上，海狮的后肢能够向前翻，从而利用它们前面的鳍摇摇摆摆地走动。然而海豹的后肢太短，在陆地上派不上用场，因此，海豹在陆地上只能弓着身体往前走。另外，海狮有小指头般的外耳，而海豹则没有。

海象

海象是北极地区的大型海兽。它们无论雌雄都长着一对长长的獠牙，从两边嘴角垂直伸出。海象是出了名的瞌睡大王，一上岸就常常倒下身体酣然入睡。

海象

海牛目
hǎi niú mù

海牛目是海洋哺乳动物中特殊的一类，多以海草和其他水生植物为食。它们的大脑不是特别发达，行动缓慢，喜欢群居。

身体特征
shēn tǐ tè zhēng

一般海牛目动物的体长在2.5～4米之间，体重360千克左右，没有后肢，前肢为桨状鳍肢，没有背鳍，但是有宽大扁平的尾鳍。它们的体形多呈纺锤形，看起来有点儿像小鲸，虽没有鲸类的厚鲸脂，但是体内也有许多脂肪，它们靠这些脂肪保持体温。与鲸不同的是，海牛目动物长有短颈，因此它们的头虽然又圆又大，但是却能灵活地转动。

海牛

视力不佳，听力好
shì lì bù jiā tīng lì hǎo

海牛目动物的眼睛一般都较小，因此视力不佳，但是听觉很好，鼻孔多长在吻部的上方，有膜，潜水时能封住

bí kǒng　shì yú zài shuǐ miàn hū xī
鼻孔；适于在水面呼吸。

hǎi niú hé rú gèn
海牛和儒艮

hǎi niú hé rú gèn shì hǎi shēng zhí shí xìng bǔ rǔ dòng wù　tā men de gòng tóng tè diǎn shì kě yǐ háo bú fèi lì de xià chén huò tíng liú zài shuǐ zhōng　hǎi niú wài xíng yǔ rú gèn xiāng sì　liǎng zhě bù tóng zhī chù shì　hǎi niú de wěi ba chéng shàn xíng　ér rú gèn de wěi ba shì biǎn píng fēn chà de
海牛和儒艮是海生植食性哺乳动物，它们的共同特点是可以毫不费力地下沉或停留在水中。海牛外形与儒艮相似，两者不同之处是：海牛的尾巴呈扇形，而儒艮的尾巴是扁平分叉的。

rú gèn jiù shì chuán shuō zhōng de měi rén yú
儒艮就是传说中的美人鱼。

儒艮

海牛

爬行动物

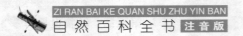

爬行动物是统治陆地时间最长的动物，它们真正摆脱了对水的依赖，成为第一批征服陆地并能适应各种不同的陆地生活环境的脊椎动物。

习性

爬行动物的体温是变化的，它们用肺呼吸，卵生或卵胎生。大多数的爬行动物都皮肤干燥，皮上有鳞或甲，可以增加皮层硬度，但是缺乏皮肤腺。

分布

因为爬行动物摆脱了对水的依赖，因此它们的分布受湿度影响较小，更多的是受温度影响。现存的爬行动物大多数分布于热带、亚热带地区，温带和寒带地区则很少分布，只有少数种类可到达北极圈附近或高山上。

鳄鱼

独特的运动方式

既然被称为“爬行动物”，当然是要爬着前进喽！通常爬行动物的四肢都会向外侧延伸，它们就以这种姿势慢慢地向前前行，鳄鱼就是这样走路的。有的种类没有四肢，就用腹部着地，匍匐着向前行进，蛇就是如此。

蛇

无法控制的体温

爬行动物控制体温的能力比较弱，体温会随着外界温度的变化而改变，在寒冷的冬季，它们的体温会降至0℃或0℃以下，如果不冬眠就很容易被冻死；相反，在炎热的夏季，它们的体温又会升高至30℃或30℃以上。还有的种类需要夏眠，否则生命便会受到威胁。独特的身体特点让它们养成了冬眠和夏眠的特殊习惯。

乌龟

蜥蜴

xíng xíng sè sè de pá xíng dòng wù
形形色色的爬行动物

pá xíng dòng wù suī rán yǐ jīng bù néng zài huí dào chēng bà de shí dài　xǔ duō pá xíng dòng wù de

爬行动物虽然已经不能再回到称霸的时代，许多爬行动物的

lèi qún yě yǐ jīng miè jué　dàn shì jiù zhǒng lèi lái shuō　pá xíng dòng wù réng rán shì fēi cháng fán shèng
类群也已经灭绝，但是就种类来说，爬行动物仍然是非常繁盛

de yì qún　qí zhǒng lèi jǐn cì yú niǎo lèi　pái zài lù shēng jǐ zhuī dòng wù de dì èr wèi　xià miàn
的一群，其种类仅次于鸟类，排在陆生脊椎动物的第二位。下面

jiù lái liǎo jiě jǐ zhǒng
就来了解几种。

biàn sè lóng

变色龙

biàn sè lóng　xué míng bì yì　yǐ bǔ shí kūn chóng wéi shēng　tā zhēn pí nèi yǒu xǔ

变色龙，学名避役，以捕食昆虫为生。它真皮内有许

duō tè shū de sè sù xì bāo　dāng wài jiè yán sè fā shēng biàn huà shí　tā jiù xùn sù tiáo
多特殊的色素细胞，当外界颜色发生变化时，它就迅速调

zhěng xì bāo zhōng de sè sù fēn bù　shǐ shēn tǐ de sè cǎi yǔ huán jìng yí zhì　tā hái kě
整细胞中的色素分布，使身体的色彩与环境一致。它还可

yǐ　yí mù èr shì
以“一目二视”。

biàn sè lóng de tǐ cháng duō wéi　　　　　lí mǐ　yě yǒu jiào dà zhě shēn cháng kě

变色龙的体长多为17～25厘米，也有较大者身长可

dá　lí mǐ　shēn tǐ liǎng cè dōu shì biǎn píng zhuàng　wěi ba xì cháng　kě juǎn qū　yǒu
达60厘米。身体两侧都是扁平状，尾巴细长，可卷曲。有

xiē pǐn zhǒng de tóu bù yǒu jiào dà de tū qǐ　jí xiàng dài le tóu kuī　yǒu de tóu dǐng zhǎng
些品种的头部有较大的突起，极像戴了头盔。有的头顶长

zhe sè cǎi xiān yàn de　jiǎo　jiù xiàng dài zhe xiān liang de tóu shì yí yàng
着色彩鲜艳的“角”，就像戴着鲜亮的头饰一样。

变色龙

sǎn xī
伞蜥

sǎn xī bó zi shang zhǎng yǒu yì quān wéi bó
伞蜥脖子上长有一圈围脖
shì de zhě mó dāng yù dào dí rén shí tā huì
似的褶膜。当遇到敌人时，它会
bǎ zhě mó wán quán zhāng kāi shì wēi kǒng hè huó
把褶膜完全张开示威恐吓，活
xiàng yì tóu zōng máo dào shù de xióng shī rú guǒ
像一头鬃毛倒竖的雄狮。如果
bèi duì shǒu shí pò tā jiù huì zhàn qǐ lái yòng liǎng
被对手识破，它就会站起来用两
zhī hòu jiǎo xùn sù de táo zhī yāo yāo
只后脚迅速地逃之夭夭。

伞蜥

kē mò duō jù xī
科莫多巨蜥

kē mò duō jù xī shì xiàn cún zuì dà de xī yì yǒu sān sì mǐ cháng qiān kè
科莫多巨蜥是现存最大的蜥蜴，有三四米长，100千克
zuǒ yòu zhòng tā men de mú yàng zhēng níng kě pà hé zǎo yǐ miè jué de kǒng lóng yǒu zhe
左右重。它们的模样狰狞可怕，和早已灭绝的恐龙有着
qīn yuán guān xì
亲缘关系。

科莫多巨蜥

è lèi
鳄类

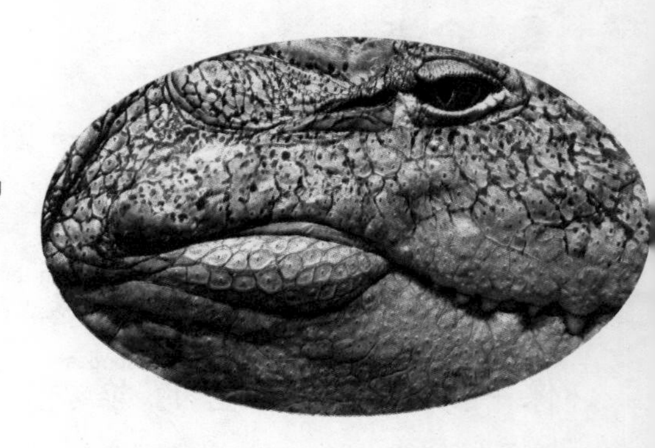

è lèi shì yì zhǒng shuǐ lù liǎng qī de pá xíng dòng wù
鳄类是一种水陆两栖的爬行动物。

xí xìng
习性

dà duō shù è lèi dōu fēn bù zài rè dài yà rè dài de dà hé yǔ nèi dì hú pō
大多数鳄类都分布在热带、亚热带的大河与内地湖泊。
è lèi wéi yè chū xìng shí ròu dòng wù dà bù fen shí jiān shēng huó zài shuǐ zhōng yě néng zài lù shang pá xíng hěn cháng shí jiān cháng xíng è néng chī rén dàn cì shù jí shǎo
鳄类为夜出性食肉动物，大部分时间生活在水中，也能在陆上爬行很长时间。长型鳄能吃人，但次数极少。

wān è
湾鳄

wān è shì è lèi zhōng wéi yī néng shēng huó zài hǎi shuǐ zhōng de zhǒng lèi tā guǎng bù yú dōng nán yà xīn jǐ nèi yà fēi lǜ bīn jí ào dà lì yà běi bù de rè dài yà rè dài dì qū qī xī zài yán hǎi gǎng wān jí zhí tōng wài hǎi de jiāng hé hú zhǎo zhōng suǒ yǐ yòu chēng xián shuǐ è wān è shēn qū jù dà cháng mǐ dūn duō zhòng bìng wǎng wǎng néng huó dào suì
湾鳄是鳄类中唯一能生活在海水中的种类。它广布于东南亚、新几内亚、菲律宾及澳大利亚北部的热带、亚热带地区，栖息在沿海港湾及直通外海的江河湖沼中，所以又称咸水鳄。湾鳄身躯巨大，长5～6米，1吨多重，并往往能活到100岁。

鳄鱼

湾鳄

扬子鳄

扬子鳄生活在我国江苏、安徽、浙江、江西等江河流域的沼泽地区，以鱼、虾、蚌、蛙、小鸟及鼠类为食。它还有一种吞食石块的习性，为了寻找石块，它们往往要跑很远很远的路程。扬子鳄十分珍稀，现存数量已很少。

扬子鳄喜欢栖息在湖泊、沼泽的滩地或丘陵山涧中长满乱草的潮湿地带。它们具有高超的打穴本领，头、尾和锐利的趾爪都是它们的打穴工具。俗话说“狡兔三窟”，而扬子鳄的洞穴不止3个。

guī biē lèi
龟鳖类

guī biē lèi shì diǎn xíng de cháng shòu dòng wù，yě shì xiàn cún de zuì gǔ lǎo de pá xíng dòng wù。mù qián guī biē lèi bèi rén lèi dà liàng bǔ shí，yǒu miè jué de wēi xiǎn

龟鳖类是典型的长寿动物，也是现存的最古老的爬行动物。目前龟鳖类被人类大量捕食，有灭绝的危险

海龟

习性

龟鳖类可以在陆上生活，也能在水中生活，不同种类的龟鳖生活习惯和所吃食物各不相同。有一些温带地区的龟鳖类动物在冬季会冬眠，而热带地区的龟鳖类动物在炎热时期则会夏眠。

淡水龟

淡水龟

淡水龟体形较小，头部前端光滑，头后散有小鳞，背甲上有3条显著的纵棱。它们往往栖息于河川、湖泊、水田等处，如甲鱼和巴西彩龟。

巴西彩龟

巴西彩龟

巴西彩龟又名红耳水龟、七彩龟、翠龟，是龟类中的优良品种，原产于美洲，具有很高的食疗、药用、观赏价值。

liǎng qī dòng wù 两栖动物

liǎng qī dòng wù shì cóng shuǐ shēng guò dù dào lù shēng de jǐ zhuī dòng wù tā men jù yǒu shuǐ shēng jǐ zhuī dòng wù yǔ lù shēng jǐ zhuī dòng wù de shuāng chóng tè xìng shì jiè shang yǐ zhī de liǎng qī dòng wù yǒu yú zhǒng
两栖动物是从水生过渡到陆生的脊椎动物，它们具有水生脊椎动物与陆生脊椎动物的双重特性。世界上已知的两栖动物有4000余种。

shēn tǐ tè zhēng 身体特征

liǎng qī dòng wù tōng cháng bù zhǎng lín piàn pí fū luǒ lù néng fēn mì nián yè yǒu fǔ zhù hū xī de zuò yòng tā men tǐ wēn bù héng dìng shēn tǐ wēn dù huì suí huán jìng biàn huà ér biàn huà duì cháo shī wēn nuǎn huán jìng de yī lài xìng qiáng dà bù fen yǒu kě yǐ xíng zǒu de sì zhī
两栖动物通常不长鳞片，皮肤裸露，能分泌黏液，有辅助呼吸的作用。它们体温不恒定，身体温度会随环境变化而变化，对潮湿、温暖环境的依赖性强，大部分有可以行走的四肢。

习性

大部分两栖动物都在水中繁殖，幼体也生活在水中，用鳃呼吸，成年后则大多生活在陆地上，一般用肺呼吸。两栖动物大多昼伏夜出，酷热或严寒时以夏蛰或冬眠的方式度过。它们以动物性食物为主，没有防御敌害的能力，鱼、蛇、鸟都是它们的天敌。

青蛙成长历程

1. 在受精卵中发育的幼体

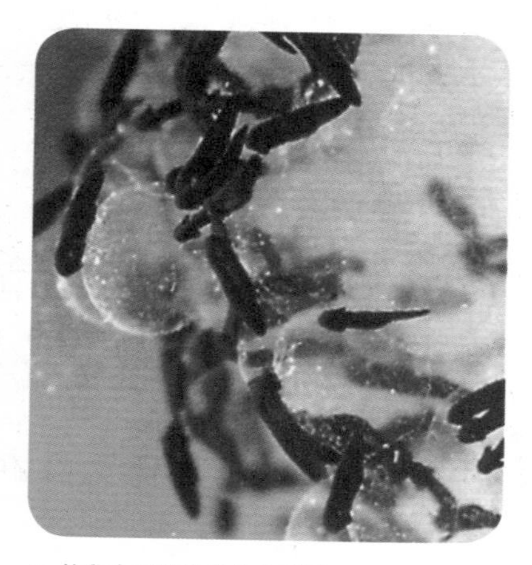

2. 从卵中孵化出来的小蝌蚪

3. 一段时间之后后腿出现

4. 正式陆地生活前的最后阶段，不久尾巴会渐渐消失

形形色色的两栖动物

两栖动物由鱼类进化而来。长期的物种进化使两栖动物既能活跃在陆地上，又能游动于水中。与动物界中其他种类相比，地球上现存的两栖动物的种类较少。

蝾螈

蝾螈都有尾巴，四肢不发达，有的一生在水中生活，有的在陆地上生活，但孵化后的幼体都要在水中发育生长。蝾螈的视力很差，靠嗅觉捕食，主要以蝌蚪、蛙和小鱼为食。

斑点蝾螈

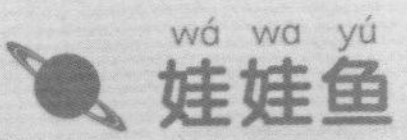

娃娃鱼

在我国长江、黄河及珠江中上游支流的山川溪流中，生活着现存世界上最大的两栖动物——大鲵，它也是我国特有的珍贵动物。大鲵发出的声音如婴儿哭啼，所以大家习惯地称它为“娃娃鱼”。

娃娃鱼

shù wā
树蛙

shù wā de zhǐ　zhǐ jiān yǒu mó xiāng lián　zhǐ
树蛙的指、趾间有膜相连，指、
zhǐ duān hái yǒu xī pán　néng láo láo de xī fù zài shù
趾端还有吸盘，能牢牢地吸附在树
shang　suǒ yǐ tā néng wěn wěn de bǎ zì jǐ gù dìng zài dà
上，所以它能稳稳地把自己固定在大
shù shang de rèn hé bù fen
树上的任何部分。

jiàn dú wā
箭毒蛙

nán měi zhōu de jiàn dú wā shì shì jiè shang zuì dú
南美洲的箭毒蛙是世界上最毒
de dòng wù zhī yī　tā de dú cáng zài pí fū zhōng
的动物之一，它的毒藏在皮肤中，
bǔ shí zhě rú guǒ bèi jiàn dú wā cì pò pí fū jiù huì
捕食者如果被箭毒蛙刺破皮肤就会
sǐ wáng
死亡。

树蛙

箭毒蛙

鸟类

鸟类是一种全身披有羽毛、体温恒定、适应飞翔生活的卵生脊椎动物。目前世界上已知的鸟的种类有9000多种。

身体特征

鸟妈妈给幼鸟喂食

鸟类具有发达的神经系统和感官，它们的体形大小不一，大多数的鸟类体表都被羽毛覆盖着，身体多呈流线型，前肢演化成翅膀，后肢有鳞状的外皮，足上具有四趾，有飞翔的能力。它们的眼睛长在头的两侧，长有坚硬的角质喙，颈部灵活，骨骼薄且多孔，呈中空状，体内有气囊，可以帮助肺进行双重呼吸。

鸟的巢穴

鸟多在繁殖期间建巢穴，不是为了自己住得舒适，而是为了孵卵，让宝宝安全地成长。鸟建巢是一项十分浩大而艰巨的“工程”，要付出艰辛的劳动。据统计，一对灰喜鹊在筑巢的四五天内，共衔取巢材666次，其中枯枝253次，青叶154次，草根123次，牛、羊毛82次，泥团54次。

习性

大多数鸟类都是白天活动，也有少数鸟类在夜间或者黄昏活动，它们的食物多种多样，包括花蜜、种子、昆虫、鱼、腐肉等。

xíng xíng sè sè de niǎo
形形色色的鸟

niǎo de zhǒng lèi fán duō fēn bù quán qiú xíng tài duō yàng

鸟的种类繁多，分布全球，形态多样，

mù qián shì jiè shang yǐ zhī de niǎo de zhǒng lèi yǒu jìn wàn zhǒng
目前世界上已知的鸟的种类有近万种。

māo tóu yīng

猫头鹰

māo tóu yīng yě jiào xiāo yǎn jing zhōu wéi de

猫头鹰

猫头鹰也叫枭，眼睛周围的

yǔ máo chéng fú shè zhuàng xíng chéng suǒ wèi
羽毛呈辐射状，形成所谓

de miàn pán miàn bù xiàng māo yīn
的“面盘”，面部像猫，因

cǐ bèi chēng zuò māo tóu yīng yīn wèi tā
此被称作猫头鹰。因为它

de jiào shēng yīn chén kě bù gù mín jiān
的叫声阴沉可怖，故民间

rèn wéi qí bù xiáng zhè shì mí xìn shuō fǎ māo tóu yīng xià jì néng bǔ shā shàng qiān zhī tián
认为其不祥。这是迷信说法，猫头鹰夏季能捕杀上千只田

shǔ shì yì niǎo
鼠，是益鸟。

jù zuǐ niǎo

巨嘴鸟

jù zuǐ niǎo tǐ cháng

巨嘴鸟

巨嘴鸟体长

yuē lí mǐ zuǐ jù
约67厘米，嘴巨

dà cháng lí
大，长17～24厘

mǐ kuān lí
米，宽5～9厘

mǐ xíng sì dāo tā men
米，形似刀。它们

zhǔ yào yǐ guǒ shí zhǒng
主要以果实、种

zi kūn chóng niǎo luǎn hé chú jī děng wéi
子、昆虫、鸟卵和雏鸡等为

shí yǐ shù dòng yíng cháo zhǔ yào fēn bù
食，以树洞营巢，主要分布

zài nán měi zhōu rè dài sēn lín zhōng
在南美洲热带森林中。

黄腹角雉

huáng fù jiǎo zhì

黄腹角雉

huáng fù jiǎo zhì yòu jiào dāi jī

黄腹角雉又叫“呆鸡”，

bèi rén zhuī gǎn zhī shí zhǐ huì sǐ mìng
被人追赶之时，只会死命

bēn táo shí zài dào le wú lù kě táo zhī
奔逃，实在到了无路可逃之

shí jiù bǎ tóu zuān rù guàn mù cóng zá
时，就把头钻入灌木丛、杂

cǎo cóng zhōng bǎ hòu bàn shēn lù zài wài
草丛中，把后半身露在外

miàn yǐ wéi tā men kàn bu dào rén rén
面，以为它们看不到人，人

yě fā xiàn bu liǎo tā men
也发现不了它们。

jūn jiàn niǎo

军舰鸟

jūn jiàn niǎo shì yì zhǒng dà xíng hǎi

军舰鸟是一种大型海

niǎo suī rán néng gòu zì jǐ bǔ shí dàn
鸟，虽然能够自己捕食，但

tā men què gèng duō de cǎi yòng qiáng qiǎng de
它们却更多地采用强抢的

fāng fǎ zài kōng zhōng jié lüè qí tā niǎo lèi
方法，在空中劫掠其他鸟类

suǒ bǔ huò de shí wù jūn jiàn niǎo yīn zhè
所捕获的食物。军舰鸟因这

zhǒng qiáng dào xíng wéi ér bèi rén chēng wéi
种强盗行为，而被人称为

fēi xíng hǎi dào
“飞行海盗”。

军舰鸟

织巢鸟

织巢鸟因使用植物纤维精巧地编织鸟巢而得名。它们以种子为食，用草筑巢。织巢鸟活泼好动，喜欢热闹，常常群居在一起。它们往往会将几十个鸟巢筑造在同一棵树上。

织巢鸟

shǐ zǔ niǎo
始祖鸟

shǐ zǔ niǎo shì zhì jīn fā xiàn de zuì zǎo zuì yuán shǐ de niǎo shēng huó yú yì
始祖鸟是至今发现的最早、最原始的鸟，生活于1.55亿～1.5
yì nián qián shǐ zǔ niǎo yǔ kǒng zhǎo lóng wéi zǐ mèi lèi qún tóng wéi jìn niǎo lèi mù qián shì jiè
亿年前。始祖鸟与恐爪龙为姊妹类群，同为近鸟类。目前，世界
shang fā xiàn le yuē lì shǐ zǔ niǎo de huà shí dà duō zài dé guó jìng nèi
上发现了约10例始祖鸟的化石，大多在德国境内。

shēn tǐ tè zhēng
身体特征

shǐ zǔ niǎo tǐ xíng dà xiǎo rú yā yǒu zhe kuò jí
始祖鸟体形大小如鸦，有着阔及
yú mò duān de chì bǎng wěi ba hěn cháng shǐ zǔ niǎo de
于末端的翅膀，尾巴很长。始祖鸟的
yǔ máo yǔ xiàn jīn niǎo lèi yǔ máo zài jié gòu shang
羽毛与现今鸟类羽毛在结构上
xiāng sì bú guò shǐ zǔ niǎo zuǐ li yǒu xì
相似。不过始祖鸟嘴里有细
xiǎo de yá chǐ bìng qiě bú tài huì fēi xíng
小的牙齿，并且不太会飞行。

始祖鸟

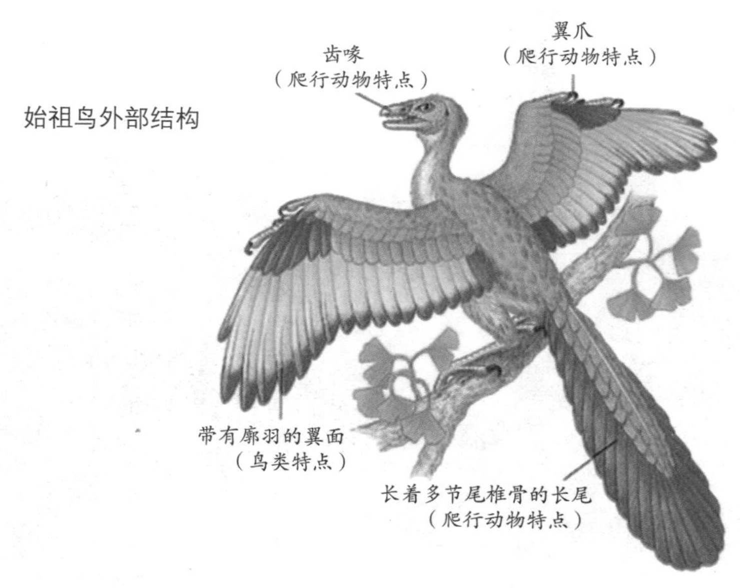

始祖鸟外部结构

著名原因

始祖鸟之所以如此著名，这是因为其化石保存了精美的羽毛。这是一个非常伟大的奇迹。当远古时期的一只鸟寿终正寝，长眠于地上时，它的身体既没有变成尘埃，也没有成为其他食腐动物的食物，而是恰好坠落在细腻的淤泥中，并在此后漫长岁月中被淤泥缓慢地压实，变成石头，并且幸运地在岩石中留下羽毛的印痕。

始祖鸟

zǒu qín lèi
走禽类

niǎo lèi zhōng bù néng fēi xiáng dàn què shàn yú xíng zǒu huò kuài sù bēn chí de yí lèi bèi chēng

**鸟类中不能飞翔，但却善于行走或快速奔驰的一类，被称
wéi zǒu qín
为走禽。**

身体特征

zǒu qín lèi de niǎo lèi tǐ nèi méi yǒu lóng gǔ tū bù míng xiǎn huò tuì huà qiě yǔ

走禽类的鸟类体内没有龙骨突（不明显或退化），且羽
yì zhōng de dòng yì jī yǐ tuì huà chì bǎng duǎn xiǎo dà duō shī qù le fēi xiáng de néng
翼中的动翼肌已退化，翅膀短小，大多失去了飞翔的能
lì yīn wèi bù néng fēi xiáng suǒ yǐ tā men rì cháng huó dòng jiù yào yī kào bēn
力。因为不能飞翔，所以它们日常活动就要依靠奔
zǒu jīng guò cháng jiǔ de shǐ yòng tā men de hòu zhī cháng ér qiě qiáng zhuàng
走，经过长久的使用，它们的后肢长而且强壮，
fā dá de hòu zhī ràng tā men shàn yú bēn pǎo
发达的后肢让它们善于奔跑。

鸵鸟

鸵鸟蛋

鸵鸟

鸵鸟是大家最熟悉的走禽，它的后肢十分粗大，只有两趾，是鸟类中趾数最少者。它后肢强健有力，除用于疾跑外，还可向前踢，用以攻击。它的两翼相当大，但不能用来飞翔。

鸸鹋

鸸鹋以擅长奔跑而著名，是大洋洲特有的动物，是世界上第二大鸟类，体形仅次于非洲鸵鸟。它们栖息于大洋洲草原和开阔的森林中，吃树叶和野果。

鸸鹋

几维鸟

几维鸟分布于新西兰，大小与人们常见的大公鸡差不多，身材粗短，嘴长而尖，腿部强壮，羽毛细如发丝，胆子很小，多在夜间活动。

几维鸟

游禽类

游禽是鸟类六大生态类群之一，大多是水栖鸟类。

身体特征

这类鸟一般嘴宽而扁平，边缘有锯齿，适于滤食水里的食物。脚短向后伸，趾间有蹼，身体像一艘平底船，适于在水面浮游。大多数游禽的尾脂腺都可以分泌油脂，将油脂涂抹在羽毛上可以防水。有一些尾脂腺不发达的游禽，如鸬鹚，则需要通过晾晒羽毛来保证飞行。

绿头鸭

鸳鸯

鸳鸯属于一种小型鸭。鸳鸯长得十分美丽，尤其是雄鸳鸯。自古以来，因为鸳鸯总是成双成对出现，因而被视为爱情的象征，

鸳鸯

qí shí tā men bìng bú shì cóng yī ér zhōng de
其实它们并不是从一而终的。

tí hú
鹈鹕

tí hú yòu jiào táng é zuǐ hěn dà xià hé yǒu gè rú dài zi bān de hóu náng
鹈鹕又叫塘鹅，嘴很大，下颌有个如袋子般的喉囊。

tí hú zuǐ li zhuāng de dōng xi bǐ tā wèi li néng zhuāng de hái yào duō
鹈鹕嘴里装的东西比它胃里能装的还要多，

tā zuǐ li néng zhuāng shàng yí gè xīng qī de shí wù
它嘴里能装上一个星期的食物。

鹈鹕

tiān é
天鹅

tiān é shì yuǎn zhēng néng shǒu yě shì ài qíng zhōng zhēn de xiàng zhēng
天鹅是远征能手，也是爱情忠贞的象征。

tā men shí xíng zhōng shēn bàn lǚ zhì fū qī yì tóng huó dòng rú guǒ yì fāng sǐ wáng lìng yì fāng zhōng shēn bú huì zài zhǎo bàn lǚ
它们实行“终身伴侣制”，夫妻一同活动，如果一方死亡，另一方终身不会再找伴侣。

tiān é wú lùn shì chū wài mì shí hái shi xiū xi dōu huì chéng shuāng chéng duì de zài yì qǐ
天鹅无论是出外觅食还是休息，都会成双成对地在一起，

yǒu shí xióng tiān é hái huì tì cí tiān é jìn xíng fū huà gōng zuò
有时雄天鹅还会替雌天鹅进行孵化工作。

天鹅

攀禽类

攀禽类的鸟脚短健，足有四趾，两趾向前，两趾向后，趾端有尖利的钩爪，适于抓住树皮，攀缘跳跃。尾羽羽轴粗硬而有弹性，可使身体保持平衡。

习性

这类鸟通常都有坚硬的鸟嘴，但不同的攀禽所食食物不同，有的捕食飞行中的昆虫或者是栖身于树木中的昆虫幼虫，还有的取食植物的果实和种子，也有少部分以鱼类为食物。

啄木鸟

生活环境

攀禽主要活动于有树木的平原、山地、丘陵或者悬崖附近。也有少部分活动于水域附近。它们有的在树干上挖掘树洞，或者利用现有的树洞营巢；还有的在土壁、岩壁上挖掘洞穴繁殖。现在有一些攀禽已经被人类作为宠物饲养，如鹦鹉。

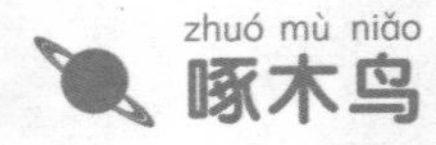

啄木鸟

啄木鸟

啄木鸟是著名的森林益鸟，除消灭树木中的害虫以外，其凿木的痕迹可作为森林采伐的指向标，因而啄木鸟被称为“森林医生”。多数啄木鸟以昆虫为食，但有些种类更爱吃水果。它们会用长长的嘴在果实上啄出一个小洞，然后贪婪地吸食果实里面的浆液。还有的啄木鸟会在特定的季节吸食某些树的汁液，我们将这类啄木鸟称为“吸汁啄木鸟”。

杜鹃

有些杜鹃总是借窝生蛋，让别的鸟帮忙孵化、养育孩子。小杜鹃在出生后，便将窝里其他幼鸟推到窝下摔死，所以杜鹃名声不太好。其实杜鹃是捕虫能手，它们尤其爱吃松毛虫，是有名的益鸟。

杜鹃

míng qín lèi
鸣禽类

nà xiē míng shēng yuè ěr de niǎo lèi shì wǒ men tōng cháng lǐ jiě de míng qín dàn yǒu xiē míng
那些鸣声悦耳的鸟类是我们通常理解的鸣禽，但有些鸣
shēng jiào cì ěr de niǎo lèi yě shǔ yú míng qín rú wū yā hái yǒu xiē hěn shǎo huò cóng bù míng jiào
声较刺耳的鸟类也属于鸣禽，如乌鸦。还有些很少或从不鸣叫
de niǎo lèi yě shì míng qín
的鸟类也是鸣禽。

shēn tǐ tè zhēng
身体特征

míng qín shì niǎo lèi zhōng jìn huà chéng dù zuì gāo de lèi qún zhǒng lèi fán duō yuē zhàn
鸣禽是鸟类中进化程度最高的类群，种类繁多，约占
shì jiè niǎo lèi shù liàng de zhè lèi niǎo zuǐ cū duǎn huò xì cháng jiǎo duǎn qiě xì
世界鸟类数量的3/5。这类鸟嘴粗短或细长，脚短且细，
sān zhǐ xiàng qián yì zhǐ xiàng hòu tǐ xíng jiào xiǎo tǐ tài qīng yíng huó dòng líng qiǎo xùn
三趾向前，一趾向后，体形较小，体态轻盈，活动灵巧迅
sù shàn yú fēi xiáng zuì zhòng yào de shì fā shēng qì guān fēi cháng fā dá yīn cǐ dà duō
速，善于飞翔，最重要的是发声器官非常发达，因此大多
shàn yú míng jiào qiǎo yú zhù cháo
善于鸣叫，巧于筑巢。

hài chóng shā shǒu
害虫杀手

míng qín de tǐ xíng dà xiǎo bù děng néng gòu shì yìng duō zhǒng
鸣禽的体形大小不等，能够适应多种
duō yàng de shēng tài huán jìng yīn cǐ fēn bù jiào guǎng
多样的生态环境，因此分布较广，
duō shù wéi shù qī niǎo lèi shǎo shù wéi dì qī
多数为树栖鸟类，少数为地栖
niǎo lèi dà duō shù míng qín dōu shì zhòng yào
鸟类。大多数鸣禽都是重要
de shí chóng niǎo lèi zài fán zhí jì jié li
的食虫鸟类，在繁殖季节里
tā men néng bǔ zhuō dà liàng wēi hài nóng
它们能捕捉大量危害农
yè shēng chǎn de hài chóng
业生产的害虫。

麻雀

麻雀

麻雀多活动在有人类居住的地方，极其活泼，胆大易近人，但警惕性却非常高，好奇心较强。麻雀多营巢于人类的房屋处，如屋檐、墙洞，有时会占领家燕的窝巢，在野外，多筑巢于树洞中。

翠鸟

翠鸟

翠鸟一般生活在水边，爱吃鱼、虾等，俗称“钓鱼郎”；羽毛翠绿色，头部蓝黑色，嘴长而直，尾巴短。翠鸟是飞翔高手，时速可达90千米。

黄鹂

黄鹂又叫黄莺，羽毛黄色，局部间有黑色，嘴黄色或红色，叫声犹如流水般婉转动听，主食昆虫，有益于林业。

黄鹂

太阳鸟

太阳鸟有细长微弯的嘴和管状的长舌，和蜂鸟一样以吸食花蜜为生，但遇到小甲虫和蜘蛛，也不放过开荤的机会，会抓来充饥。它还是带翅膀的“月下老人”，为植物传授花粉。

太阳鸟

měng qín lèi
猛禽类

měng qín shù liàng jiào qí tā lèi qún shǎo bù tóng de gè tǐ tǐ xíng dà xiǎo xuán shū tā men zài
猛禽数量较其他类群少，不同的个体体形大小悬殊，它们在
shí wù liàn zhōng bàn yǎn le shí fēn zhòng yào de jué sè dà duō shù měng qín dōu shì lüè shí xìng niǎo lèi
食物链中扮演了十分重要的角色。大多数猛禽都是掠食性鸟类。

shēn tǐ tè zhēng
身体特征

隼

zhè lèi niǎo tǐ xíng yì bān jiào dà tōng cháng cí xìng dà yú xióng xìng yǎn jing zhǎng zài tóu de zhèng qián fāng yòu dà yòu liàng shì lì jí qiáng liǎng ěr ěr kǒng dà tīng jué fēi cháng mǐn ruì huì jiān yìng ér wān qū chéng ruì lì de gōu zhuàng yǔ yì jiào dà shàn yú fēi xíng jiǎo qiáng dà yǒu lì zhǐ yǒu jiān yìng ruì lì de gōu zhǎo xìng xiōng měng kào bǔ shí qí tā niǎo lèi hé shǔ tù shé děng yǐ jí shí fǔ ròu wéi shēng
这类鸟体形一般较大，通常雌性大于雄性，眼睛长在头的正前方，又大又亮，视力极强；两耳耳孔大，听觉非常敏锐；喙坚硬而弯曲，呈锐利的钩状；羽翼较大，善于飞行；脚强大有力，趾有坚硬锐利的钩爪；性凶猛，靠捕食其他鸟类和鼠、兔、蛇等，以及食腐肉为生。

秃鹫

xí xìng
习性

jué dà duō shù měng qín lǐng yù xìng hěn qiáng duō dān dú huó dòng yì xiē wù zhǒng zài fán zhí jì jié huì chéng duì huó dòng gè bié wù zhǒng zài dōng jì huò hàn jì děng mì shí kùn nan huán jìng yán kù de jì jié huì jié chéng xiǎo qún huó dòng
绝大多数猛禽领域性很强，多单独活动，一些物种在繁殖季节会成对活动，个别物种在冬季或旱季等觅食困难、环境严酷的季节会结成小群活动。

金雕

金雕是大型猛禽的代表种类，体长为1米左右，成鸟的翼展平均超过2米，体重2～7千克。金雕性情凶猛，体态雄伟。

金雕外部结构

涉禽类
shè qín lèi

lù lèi　　hè lèi　　yù lèi　　guàn lèi děng dōu shǔ yú shè qín lèi

鹭类、鹤类、鹬类、鹳类等都属于涉禽类。

白鹭

bái lù

白鹭

bái lù tiān shēng lì zhì　 shēn tǐ

白鹭天生丽质，身体

xiū cháng ér shòu xuē　　 tā yǒu zhe xì
修长而瘦削，它有着细

cháng de tuǐ　　bó zi hé zuǐ　 jiǎo zhǐ
长的腿、脖子和嘴，脚趾

yě bǐ jiào xì cháng
也比较细长。

zhū huán

朱鹮

zhū huán cháng huì　　fèng guān

朱鹮长喙、凤冠、

chì jiá　　hún shēn yǔ máo bái zhōng jiā
赤颊，浑身羽毛白中夹

huī　hóng　jǐng bù pī yǒu xià
灰、红，颈部披有下

chuí de cháng liǔ　yè xíng yǔ máo
垂的长柳叶形羽毛，

tǐ cháng yuē　　　 lí mǐ　 píng
体长约80厘米，平

shí qī xī zài gāo dà de qiáo mù
时栖息在高大的乔木

shang　mì shí shí cái fēi dào shuǐ
上，觅食时才飞到水

tián　zhǎo zé dì hé shān qū xī
田、沼泽地和山区溪

liú chù　　zhū huán shì shì jiè
流处。朱鹮是世界

shang jí zhēn xī de niǎo
上极珍稀的鸟。

朱鹮

niú bèi lù
牛背鹭

niú bèi lù bié míng huáng tóu lù
牛背鹭，别名黄头鹭、
fàng niú láng děng yīn cháng xiē xi zài shuǐ
放牛郎等，因常歇息在水
niú bèi shang zhuó shí jì shēng chóng ér dé
牛背上啄食寄生虫而得
míng tā yě chī dì shang de hài chóng
名，它也吃地上的害虫。

牛背鹭

huǒ liè niǎo
火烈鸟

huǒ liè niǎo shēn shang duō wéi jié bái fàn
火烈鸟身上多为洁白泛
hóng de yǔ máo zhè zhǒng wài xíng měi lì de niǎo
红的羽毛。这种外形美丽的鸟
lèi néng gòu fēi xíng dàn shì xiān děi kuáng bēn yí zhèn yǐ huò dé
类能够飞行，但是先得狂奔一阵以获得
qǐ fēi shí suǒ xū dòng lì huǒ liè niǎo yīn yǔ sè xiān yàn yì bān bèi zuò wéi guān shǎng niǎo
起飞时所需动力。火烈鸟因羽色鲜艳，一般被作为观赏鸟
sì yǎng
饲养。

火烈鸟

lù qín lèi
陆禽类

yǒu yí bù fen niǎo lèi jīng cháng zài dì miàn shang huó dòng yīn cǐ bèi rén men chēng wéi lù qín
有一部分鸟类经常在地面上活动，因此被人们称为陆禽。

shēn tǐ tè zhēng
身体特征

lù qín zhǔ yào zài lù dì shang huó dòng mì shí dà duō shù tǐ gé dōu hěn jiàn zhuàng yì bān de lù qín chì bǎng duǎn yuán yīn cǐ bú shì yú yuǎn jù lí fēi xíng niǎo zuǐ cū duǎn jiān yìng cháng chéng gōng xíng shàn zhuó tuǐ hé jiǎo cū zhuàng ér yǒu lì zhǎo chéng gōu zhuàng yīn cǐ shì yú zài lù dì shang bēn zǒu jí wā tǔ xún shí
陆禽主要在陆地上活动觅食，大多数体格都很健壮。一般的陆禽翅膀短圆，因此不适于远距离飞行；鸟嘴粗短坚硬，常呈弓形，善啄；腿和脚粗壮而有力，爪呈钩状，因此适于在陆地上奔走及挖土寻食。

xí xìng
习性

lù qín de cháo tōng cháng bǐ jiào jiǎn dān yì bān dōu shì yòng yì xiē cǎo shù yè yǔ máo hé shí kuài děng cái liào zài dì miàn pū zhù ér chéng de dà duō shù lù qín zhǔ yào yǐ zhí wù de yè zi guǒ shí hé zhǒng zi děng wéi shí shān zhì kǒng què děng dōu shǔ yú zhè yí lèi
陆禽的巢通常比较简单，一般都是用一些草、树叶、羽毛和石块等材料在地面铺筑而成的，大多数陆禽主要以植物的叶子、果实和种子等为食。山雉、孔雀等都属于这一类。

红腹锦鸡

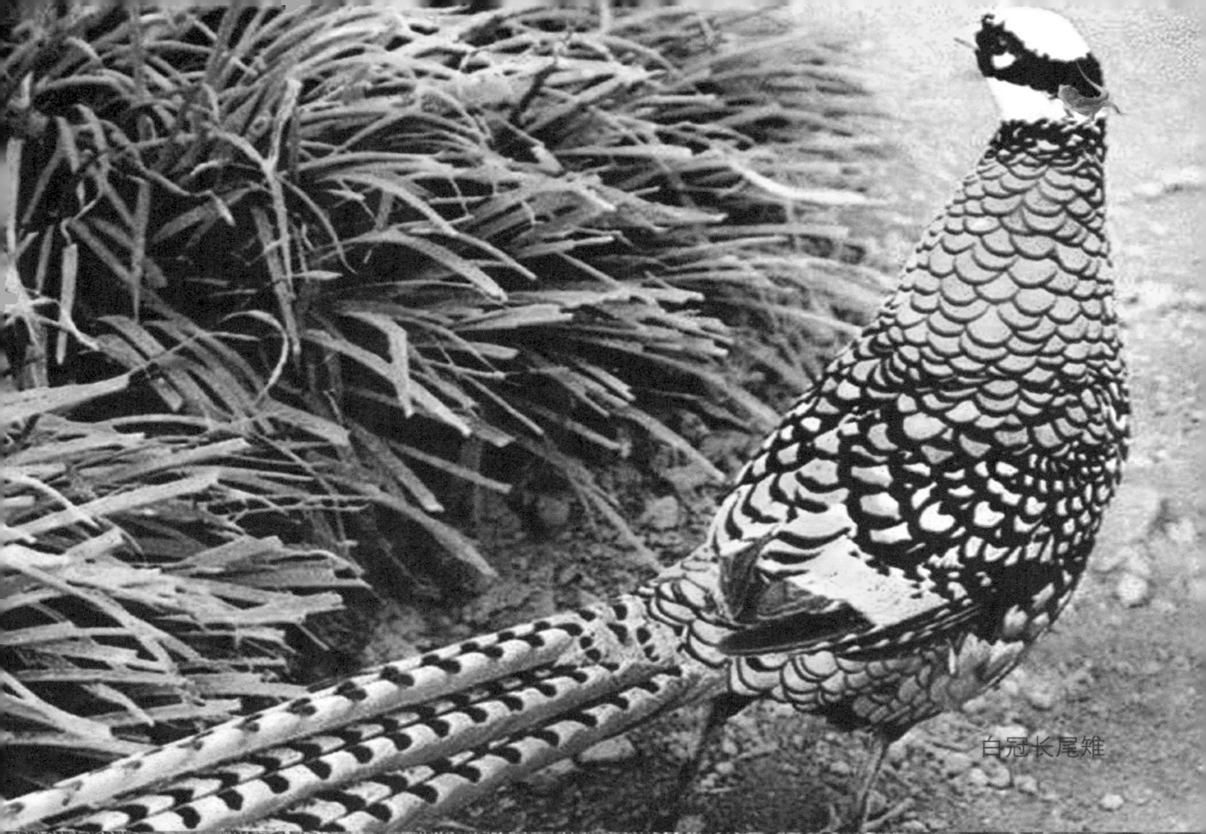
白冠长尾雉

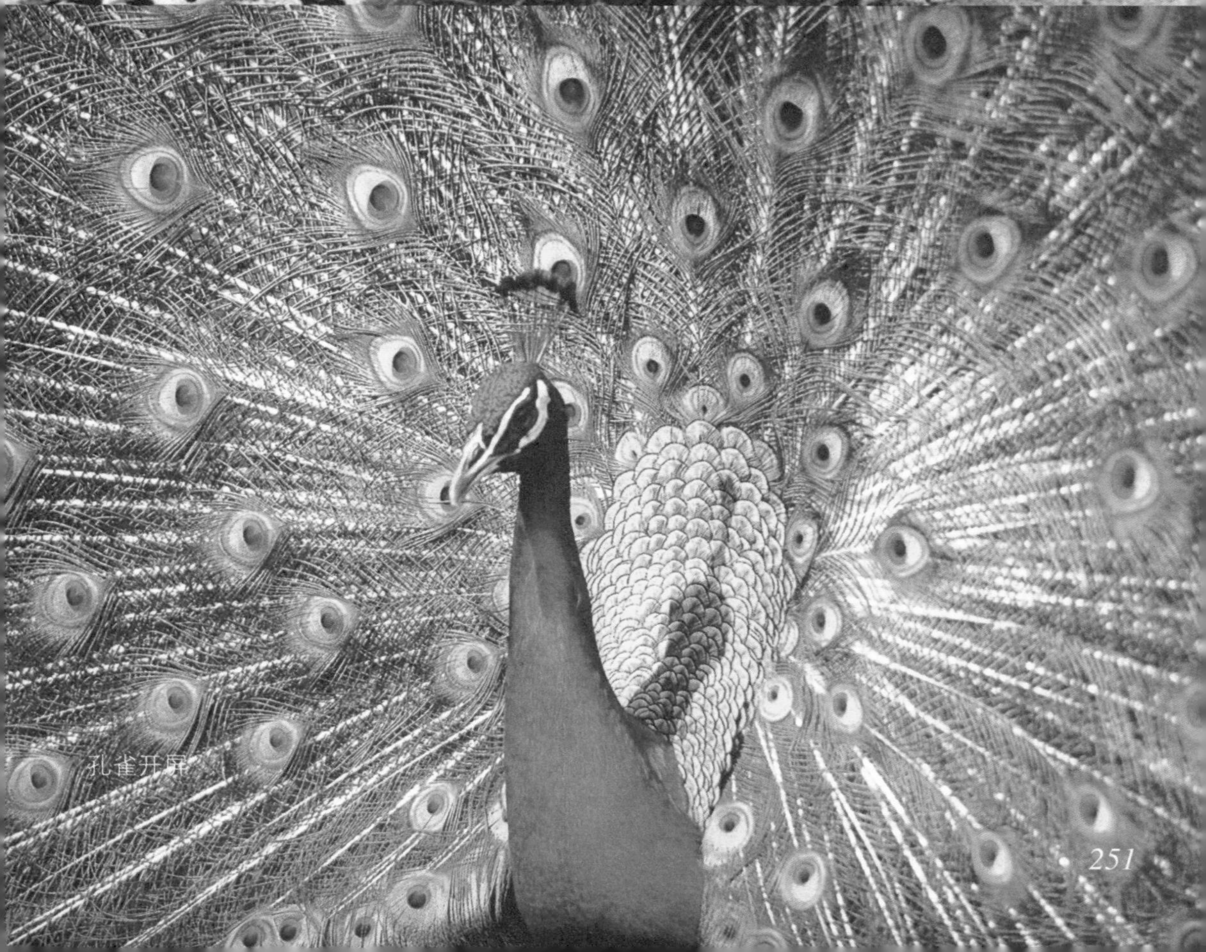
孔雀开屏

kūn chóng
昆虫

rén men tōng cháng jiāng nà xiē shēn tǐ fēn wéi tóu xiōng fù sān bù fen zhǎng yǒu liǎng duì

人们通常将那些身体分为头、胸、腹三部分，长有两对
huò yí duì chì bǎng hé sān duì zú qiě chì hé zú dōu wèi yú xiōng bù shēn tǐ yì jié yì jié de jié zhī
或一对翅膀和三对足，且翅和足都位于胸部，身体一节一节的节肢
dòng wù chēng wéi kūn chóng
动物称为昆虫。

身体特征

kūn chóng shǔ yú wú jǐ zhuī dòng wù tōng cháng

昆虫属于无脊椎动物，通常
tóu shang shēng yǒu yí duì chù jiǎo tǐ nèi méi yǒu
头上生有一对触角，体内没有
gǔ gé zhī chēng wài miàn yǒu ké jiāng qí bāo guǒ
骨骼支撑，外面有壳将其包裹。
kūn chóng yǒu jīng rén de shì yìng néng lì yīn cǐ fēn
昆虫有惊人的适应能力，因此分
bù fàn wéi jí guǎng zài quán qiú de shēng tài quān zhōng bàn
布范围极广，在全球的生态圈中扮
yǎn zhe zhòng yào jué sè
演着重要角色。

蜻蜓翅膀脉络特写

fēn lèi

分类

kūn chóng de fēn lèi

昆虫的分类
hěn duō zhǔ yào yǒu zhí chì
很多，主要有直翅
mù tóng chì mù qiào chì
目、同翅目、鞘翅
mù lín chì mù shuāng chì
目、鳞翅目、双翅
mù mó chì mù děng
目、膜翅目等。

复眼

头

胸部

前翅

腹部

后翅

蜻蜓外部结构

chì yì dòng lì
翅翼动力

qīng tíng zhǎng yǒu qiáng zhuàng de jī ròu néng kòng zhì zhù chì yì de dǐ bù fēi xíng
蜻蜓长有强壮的肌肉，能控制住翅翼的底部。飞行
shí chì yì kàn shàng qù jiù xiàng zài bú duàn biàn dòng zhe de xíng
时，翅翼看上去就像在不断变动着的“X”形。

形形色色的昆虫

kūn chóng shì shì jiè shang zuì fán shèng de dòng wù zhǒng lèi hé shù liàng dōu shì shēng wù zhōng zuì

昆虫是世界上最繁盛的动物，种类和数量都是生物中最

duō de dāng qián rén lèi yǐ zhī de kūn chóng yǐ chāo guò wàn zhǒng ér fēn lèi xué jiā men hái zài
多的。当前人类已知的昆虫已超过70万种，而分类学家们还在

bú duàn de fā xiàn xīn zhǒng
不断地发现新种。

zuì gǔ lǎo de kūn chóng zhī yī zhāng láng

最古老的昆虫之一——蟑螂

在距今3.55亿～2.9亿年的石炭纪时

qī dì qiú shang de kūn chóng xùn sù fā zhǎn dà jiā shú
期，地球上的昆虫迅速发展。大家熟

xī de zhāng láng shì dāng shí dì qiú shang jiào zhàn yōu shì de yí lèi
悉的蟑螂是当时地球上较占优势的一类

kūn chóng xiàn zài dì qiú shang yǐ zhī de zhāng láng yǒu yuē zhǒng
昆虫。现在地球上已知的蟑螂有约4000种。蟑螂

zhāng láng cóng bù tiāo shí shén me zhǐ zhāng máo fà shí wù yī wù mù tou shéng
从不挑食，什么纸张、毛发、食物、衣物、木头、绳

zi jiàng hu pí gé diàn xiàn fán shì nǐ jiào de shàng míng zi huò jiào bu shàng míng
子、糨糊、皮革、电线……凡是你叫得上名字或叫不上名

zi de wù pǐn dōu huì chéng wéi tā de shí wù tā jiù shì zhè me gè wú suǒ bù chī de jiā huo
字的物品都会成为它的食物，它就是这么个无所不吃的家伙。

zuì duǎn mìng kūn chóng fú yóu

蟑螂

最短命昆虫——蜉蝣

fú yóu chéng chóng de shòu mìng zuì

蜉蝣成虫的寿命最

duǎn zhǐ yǒu jǐ xiǎo shí zuì cháng yě bú guò
短只有几小时，最长也不过

yì xīng qī fú yóu de yòu chóng shì yú lèi
一星期。蜉蝣的幼虫是鱼类

de zhòng yào ěr liào
的重要饵料，

sǐ fú yóu yě kě yǐ
死蜉蝣也可以

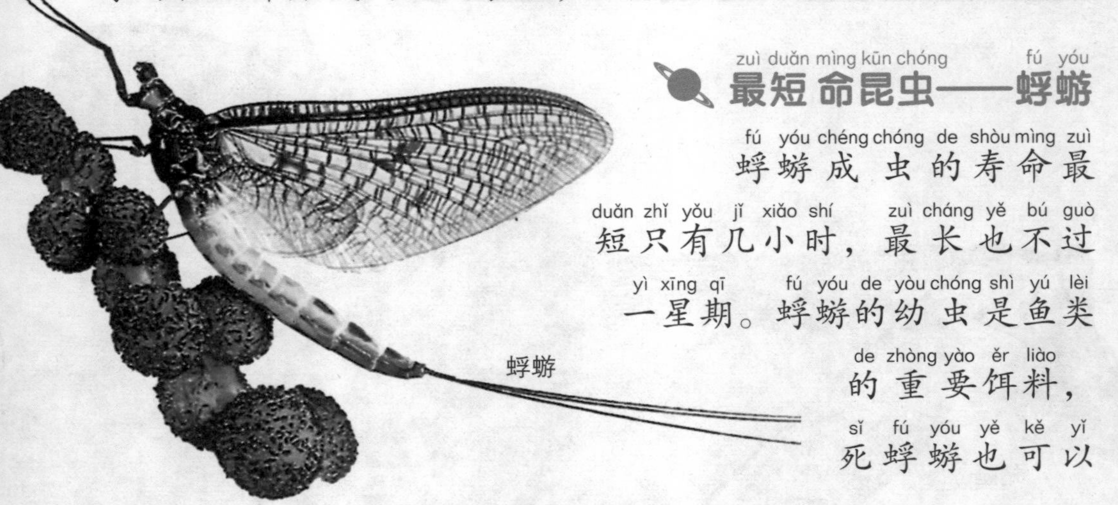

蜉蝣

yòng lái sì yǎng yú lèi huò zhě shī zài tián li dàng zuò féi liào
用来饲养鱼类，或者施在田里当作肥料。

最长的昆虫——竹节虫

zhú jié chóng yì bān cháng dù wéi lí mǐ zuì cháng de chāo guò

竹节虫一般长度为10～20厘米，最长的超过50

lí mǐ zhú jié chóng huì suí zhe zhōu wéi de huán jìng biàn sè shì yǐn xíng gāo shǒu
厘米。竹节虫会随着周围的环境变色，是隐形高手。

zhú jié chóng shì kūn chóng zhōng de jù

竹节虫是昆虫中的“巨

rén ér xīn jiā pō zhú jié
人”，而新加坡竹节

chóng zé shì kūn chóng jù rén
虫则是昆虫“巨人”

zhōng de jù rén tā men xì cháng de
中的“巨人”，它们细长的

shēn tǐ kě dá lí mǐ cháng rú guǒ shēn tǐ chōng fèn shū
身体可达27厘米长，如果身体充分舒

zhǎn kāi de huà shēn cháng kě chāo guò lí mǐ
展开的话，身长可超过40厘米。

竹节虫

叩头虫

kòu tóu chóng shì jīn zhēn chóng de chéng chóng

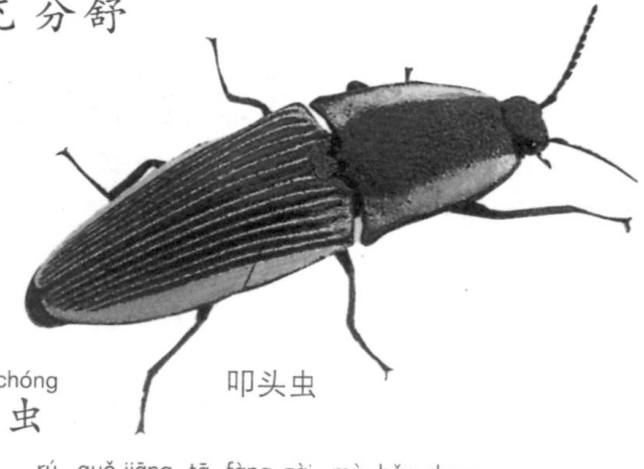

叩头虫

叩头虫是金针虫的成虫，

yòu chóng zài dì xià yǎo shí zhuāng jia de gēn děng chéng chóng
幼虫在地下咬食庄稼的根等；成虫

què zài dì biǎo pá lái pá qù mì shí fǔ zhí zhì rú guǒ jiāng tā fàng zài mù bǎn shang
却在地表爬来爬去，觅食腐殖质。如果将它放在木板上，

yòng shǒu zhǐ àn zhù qí fù bù nà tā jiù huì kòu tóu
用手指按住其腹部，那它就会叩头。

yì chóng
益虫

wǒ men tōng cháng jiāng yǒu yì yú rén lèi shēng chǎn hé

我们通常将有益于人类生产和

shēng huó de kūn chóng lǐ jiě wéi yì chóng cháng jiàn de yǒu mì
生活的昆虫理解为益虫，常见的有蜜

fēng qīng tíng táng láng děng
蜂、蜻蜓、螳螂等。

螳螂

蜜蜂

mì fēng shì yì zhǒng huì fēi xíng duì rén

蜜蜂是一种会飞行、对人

lèi yǒu yì de kūn chóng tā men wèi qǔ dé shí wù
类有益的昆虫。它们为取得食物

bù tíng de gōng zuò bái tiān cǎi mì wǎn shang niàng mì tóng shí tì zhí wù wán chéng shòu fěn
不停地工作，白天采蜜，晚上酿蜜，同时替植物完成授粉

rèn wu shì nóng zuò wù shòu fěn de zhòng yào méi jiè mì fēng niàng zào chū lái de fēng mì gèng
任务，是农作物授粉的重要媒介。蜜蜂酿造出来的蜂蜜更

shì duì rén tǐ yǒu yì de zī bǔ pǐn
是对人体有益的滋补品。

蜜蜂

蜻蜓

蜻蜓一般在池塘或河边活动，在飞行过程中会捕食蚊类及其他对人有害的昆虫，因此被人们称为益虫。

蜻蜓是昆虫纲蜻蜓目的小动物，长着大大的复眼、长长的腹部。蜻蜓的复眼鼓鼓的，仿佛高清探测镜头，时刻监视着四面八方的动静，简直是360°无死角！

在蜻蜓几近长方体的胸部两侧，长着2对透明的膜质翅膀，上面有清晰的网状翅脉。蜻蜓的翅膀非常有趣，休息时不像其他昆虫那样背在身后，而是平直伸在身体两侧，让其整个身体看起来好像是个“十”字。

蜻蜓

螳螂

害虫

我们通常所说的害虫是对人类有害的昆虫的通称。害虫一般可以简单地分为危害人类生产的和危害人类生活的两种。

危害人类生产的害虫在农林业中比较常见。它们有些吸食枝叶的汁；还有一些取食刚发芽的幼根；也有一些专门取食植物叶片。除此以外，影响人类生活的蟑螂、苍蝇、蚊子等也可以称为害虫。

白蚁

白蚁是一种群居的动物，它们吃植物、动物尸体，乃至书籍。白蚁的破坏性极大，很多房屋、船只等木质物都被它们啃噬得千疮百孔、不堪一击。它们用数天的时间就可以将一棵大树残害致“死”。

非洲白蚁蚁丘

蚁后

白蚁王

大兵蚁
小兵蚁
大工蚁

cāng ying
苍蝇

cāng ying de tǐ biǎo duō máo zú bù néng fēn mì nián yè xǐ huan zài rén huò chù de
苍蝇的体表多毛，足部能分泌黏液，喜欢在人或畜的
pái xiè wù ǒu tù wù jí shī tǐ děng chù mì shí jí yì chuán bō gè zhǒng jí bìng wēi
排泄物、呕吐物及尸体等处觅食，极易传播各种疾病，危
hài rén lèi jiàn kāng
害人类健康。

苍蝇

鳞翅目

鳞翅目昆虫因其成虫的翅膀和身体上密布鳞片而得名，是昆虫纲中第二大类群，现在有20余万种。

身体特征

鳞翅目类的昆虫口器为长形且能卷起，触角变化多、形状多。幼虫一般称为“毛虫”。

蝴蝶

蝴蝶是一类日间活动的鳞翅目昆虫，种类多，翅膀色彩缤纷，深受人们喜爱。

美丽的蝴蝶有多样的自卫行为。有的蝴蝶被捉时会释放出恶臭，使敌人不得不马上远离；有的蝴蝶受惊时竟能摆出酷似眼镜蛇攻击前的姿势来恐吓敌人。

蝴蝶　　蝴蝶

蛾类

蛾类是鳞翅目中最大的类群，它们的外观变化很多，大多数蛾类夜间活动，体色暗淡；也有一些白天活动、色彩鲜艳的种类。不过，蛾类触角没有棒状的触角末端，大多数蛾类的前后翅是依靠一些特殊连接结构来达到飞行目的的。

“飞蛾扑火，自取灭亡”，在夏天的夜晚，我们常常看到飞蛾扇动着翅膀，快速移动着小小的身体，毫不犹豫地扑向那明亮又灼热的火光。它们的无所畏惧其实只是出于趋光的本能。

大乌桕蚕蛾

鞘翅目

鞘翅目类的昆虫就是我们常说的甲虫，是昆虫纲中的最大类群，现在已知的种类约有35万种。它们的前翅呈角质化，坚硬，无明显翅脉，称为“鞘翅”，它们也因此而得名。

身体特征

鞘翅目昆虫一般都躯体坚硬，这种坚硬的躯体主要起到保护内脏器官的作用。不同的鞘翅目昆虫的体形大小不同，它们鞘质的前翅在静止时覆盖于身体背面。

瓢虫是常见的鞘翅目昆虫

瓢虫产卵

<ruby>鞘<rt>qiào</rt></ruby> <ruby>翅<rt>chì</rt></ruby> <ruby>目<rt>mù</rt></ruby>

<ruby>鞘<rt>qiào</rt></ruby><ruby>翅<rt>chì</rt></ruby><ruby>目<rt>mù</rt></ruby><ruby>类<rt>lèi</rt></ruby><ruby>的<rt>de</rt></ruby><ruby>昆<rt>kūn</rt></ruby><ruby>虫<rt>chóng</rt></ruby><ruby>就<rt>jiù</rt></ruby><ruby>是<rt>shì</rt></ruby><ruby>我<rt>wǒ</rt></ruby><ruby>们<rt>men</rt></ruby><ruby>常<rt>cháng</rt></ruby><ruby>说<rt>shuō</rt></ruby><ruby>的<rt>de</rt></ruby><ruby>甲<rt>jiǎ</rt></ruby><ruby>虫<rt>chóng</rt></ruby>，<ruby>是<rt>shì</rt></ruby><ruby>昆<rt>kūn</rt></ruby><ruby>虫<rt>chóng</rt></ruby><ruby>纲<rt>gāng</rt></ruby><ruby>中<rt>zhōng</rt></ruby><ruby>的<rt>de</rt></ruby><ruby>最<rt>zuì</rt></ruby><ruby>大<rt>dà</rt></ruby><ruby>类<rt>lèi</rt></ruby><ruby>群<rt>qún</rt></ruby>，<ruby>现<rt>xiàn</rt></ruby><ruby>在<rt>zài</rt></ruby><ruby>已<rt>yǐ</rt></ruby><ruby>知<rt>zhī</rt></ruby><ruby>的<rt>de</rt></ruby><ruby>种<rt>zhǒng</rt></ruby><ruby>类<rt>lèi</rt></ruby><ruby>约<rt>yuē</rt></ruby><ruby>有<rt>yǒu</rt></ruby>35<ruby>万<rt>wàn</rt></ruby><ruby>种<rt>zhǒng</rt></ruby>。<ruby>它<rt>tā</rt></ruby><ruby>们<rt>men</rt></ruby><ruby>的<rt>de</rt></ruby><ruby>前<rt>qián</rt></ruby><ruby>翅<rt>chì</rt></ruby><ruby>呈<rt>chéng</rt></ruby><ruby>角<rt>jiǎo</rt></ruby><ruby>质<rt>zhì</rt></ruby><ruby>化<rt>huà</rt></ruby>，<ruby>坚<rt>jiān</rt></ruby><ruby>硬<rt>yìng</rt></ruby>，<ruby>无<rt>wú</rt></ruby><ruby>明<rt>míng</rt></ruby><ruby>显<rt>xiǎn</rt></ruby><ruby>翅<rt>chì</rt></ruby><ruby>脉<rt>mài</rt></ruby>，<ruby>称<rt>chēng</rt></ruby><ruby>为<rt>wéi</rt></ruby>"<ruby>鞘<rt>qiào</rt></ruby><ruby>翅<rt>chì</rt></ruby>"，<ruby>它<rt>tā</rt></ruby><ruby>们<rt>men</rt></ruby><ruby>也<rt>yě</rt></ruby><ruby>因<rt>yīn</rt></ruby><ruby>此<rt>cǐ</rt></ruby><ruby>而<rt>ér</rt></ruby><ruby>得<rt>dé</rt></ruby><ruby>名<rt>míng</rt></ruby>。

🪐 <ruby>身<rt>shēn</rt></ruby> <ruby>体<rt>tǐ</rt></ruby> <ruby>特<rt>tè</rt></ruby> <ruby>征<rt>zhēng</rt></ruby>

<ruby>鞘<rt>qiào</rt></ruby><ruby>翅<rt>chì</rt></ruby><ruby>目<rt>mù</rt></ruby><ruby>昆<rt>kūn</rt></ruby><ruby>虫<rt>chóng</rt></ruby><ruby>一<rt>yì</rt></ruby><ruby>般<rt>bān</rt></ruby><ruby>都<rt>dōu</rt></ruby><ruby>躯<rt>qū</rt></ruby><ruby>体<rt>tǐ</rt></ruby><ruby>坚<rt>jiān</rt></ruby><ruby>硬<rt>yìng</rt></ruby>，<ruby>这<rt>zhè</rt></ruby><ruby>种<rt>zhǒng</rt></ruby><ruby>坚<rt>jiān</rt></ruby><ruby>硬<rt>yìng</rt></ruby><ruby>的<rt>de</rt></ruby><ruby>躯<rt>qū</rt></ruby><ruby>体<rt>tǐ</rt></ruby><ruby>主<rt>zhǔ</rt></ruby><ruby>要<rt>yào</rt></ruby><ruby>起<rt>qǐ</rt></ruby><ruby>到<rt>dào</rt></ruby><ruby>保<rt>bǎo</rt></ruby><ruby>护<rt>hù</rt></ruby><ruby>内<rt>nèi</rt></ruby><ruby>脏<rt>zàng</rt></ruby><ruby>器<rt>qì</rt></ruby><ruby>官<rt>guān</rt></ruby><ruby>的<rt>de</rt></ruby><ruby>作<rt>zuò</rt></ruby><ruby>用<rt>yòng</rt></ruby>。<ruby>不<rt>bù</rt></ruby><ruby>同<rt>tóng</rt></ruby><ruby>的<rt>de</rt></ruby><ruby>鞘<rt>qiào</rt></ruby><ruby>翅<rt>chì</rt></ruby><ruby>目<rt>mù</rt></ruby><ruby>昆<rt>kūn</rt></ruby><ruby>虫<rt>chóng</rt></ruby><ruby>的<rt>de</rt></ruby><ruby>体<rt>tǐ</rt></ruby><ruby>形<rt>xíng</rt></ruby><ruby>大<rt>dà</rt></ruby><ruby>小<rt>xiǎo</rt></ruby><ruby>不<rt>bù</rt></ruby><ruby>同<rt>tóng</rt></ruby>，<ruby>它<rt>tā</rt></ruby><ruby>们<rt>men</rt></ruby><ruby>鞘<rt>qiào</rt></ruby><ruby>质<rt>zhì</rt></ruby><ruby>的<rt>de</rt></ruby><ruby>前<rt>qián</rt></ruby><ruby>翅<rt>chì</rt></ruby><ruby>在<rt>zài</rt></ruby><ruby>静<rt>jìng</rt></ruby><ruby>止<rt>zhǐ</rt></ruby><ruby>时<rt>shí</rt></ruby><ruby>覆<rt>fù</rt></ruby><ruby>盖<rt>gài</rt></ruby><ruby>于<rt>yú</rt></ruby><ruby>身<rt>shēn</rt></ruby><ruby>体<rt>tǐ</rt></ruby><ruby>背<rt>bèi</rt></ruby><ruby>面<rt>miàn</rt></ruby>。

瓢虫是常见的鞘翅目昆虫

瓢虫产卵

食性

它们的口器呈咀嚼式，食性分化复杂，有植食性、腐食性、尸食性、粪食性等。

金龟子

金龟子拥有美丽的外表，却是有名的害虫。它们每隔数年就会来一次大范围繁殖，幼虫以植物的根系、幼苗或是块茎为食，破坏植物的生长。

金龟子

天牛

天牛被人们称为“锯树郎”，因为它们有时会发出一种“咔嚓、咔嚓”类似锯木头的响声。其实是因为它们的中胸背板上有一个发声器，每当中胸背板与前胸背板相互摩擦之时，发音器就会振动发出这种奇怪的声音来。

普通天牛

同翅目

有些昆虫的前后翅为膜质，透明，形状、质地相同，此类昆虫被称为同翅目昆虫。

习性

目前世界上已知的同翅目昆虫有4.5万多种，它们大多以植物汁液为食，其中许多种类会传播植物病毒，是常见的农业害虫。还有一部分同翅目昆虫具有攻击性，它们靠吸食其他动物的体液或血液为生。蚜虫、蝉是较常见的同翅目昆虫。

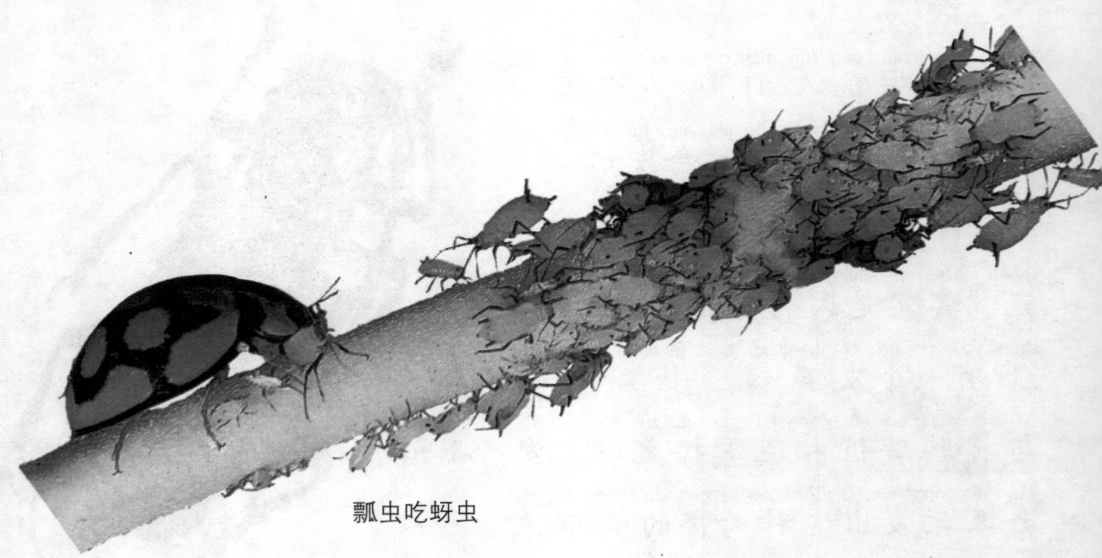

瓢虫吃蚜虫

<ruby>同<rt>tóng</rt></ruby><ruby>翅<rt>chì</rt></ruby><ruby>目<rt>mù</rt></ruby>

<ruby>有<rt>yǒu</rt></ruby><ruby>些<rt>xiē</rt></ruby><ruby>昆<rt>kūn</rt></ruby><ruby>虫<rt>chóng</rt></ruby><ruby>的<rt>de</rt></ruby><ruby>前<rt>qián</rt></ruby><ruby>后<rt>hòu</rt></ruby><ruby>翅<rt>chì</rt></ruby><ruby>为<rt>wéi</rt></ruby><ruby>膜<rt>mó</rt></ruby><ruby>质<rt>zhì</rt></ruby>，<ruby>透<rt>tòu</rt></ruby><ruby>明<rt>míng</rt></ruby>，<ruby>形<rt>xíng</rt></ruby><ruby>状<rt>zhuàng</rt></ruby>、<ruby>质<rt>zhì</rt></ruby><ruby>地<rt>dì</rt></ruby><ruby>相<rt>xiāng</rt></ruby><ruby>同<rt>tóng</rt></ruby>，<ruby>此<rt>cǐ</rt></ruby><ruby>类<rt>lèi</rt></ruby><ruby>昆<rt>kūn</rt></ruby><ruby>虫<rt>chóng</rt></ruby><ruby>被<rt>bèi</rt></ruby><ruby>称<rt>chēng</rt></ruby><ruby>为<rt>wéi</rt></ruby><ruby>同<rt>tóng</rt></ruby><ruby>翅<rt>chì</rt></ruby><ruby>目<rt>mù</rt></ruby><ruby>昆<rt>kūn</rt></ruby><ruby>虫<rt>chóng</rt></ruby>。

<ruby>习<rt>xí</rt></ruby><ruby>性<rt>xìng</rt></ruby>

<ruby>目<rt>mù</rt></ruby><ruby>前<rt>qián</rt></ruby><ruby>世<rt>shì</rt></ruby><ruby>界<rt>jiè</rt></ruby><ruby>上<rt>shang</rt></ruby><ruby>已<rt>yǐ</rt></ruby><ruby>知<rt>zhī</rt></ruby><ruby>的<rt>de</rt></ruby><ruby>同<rt>tóng</rt></ruby><ruby>翅<rt>chì</rt></ruby><ruby>目<rt>mù</rt></ruby><ruby>昆<rt>kūn</rt></ruby><ruby>虫<rt>chóng</rt></ruby><ruby>有<rt>yǒu</rt></ruby>4.5<ruby>万<rt>wàn</rt></ruby><ruby>多<rt>duō</rt></ruby><ruby>种<rt>zhǒng</rt></ruby>，<ruby>它<rt>tā</rt></ruby><ruby>们<rt>men</rt></ruby><ruby>大<rt>dà</rt></ruby><ruby>多<rt>duō</rt></ruby><ruby>以<rt>yǐ</rt></ruby><ruby>植<rt>zhí</rt></ruby><ruby>物<rt>wù</rt></ruby><ruby>汁<rt>zhī</rt></ruby><ruby>液<rt>yè</rt></ruby><ruby>为<rt>wéi</rt></ruby><ruby>食<rt>shí</rt></ruby>，<ruby>其<rt>qí</rt></ruby><ruby>中<rt>zhōng</rt></ruby><ruby>许<rt>xǔ</rt></ruby><ruby>多<rt>duō</rt></ruby><ruby>种<rt>zhǒng</rt></ruby><ruby>类<rt>lèi</rt></ruby><ruby>会<rt>huì</rt></ruby><ruby>传<rt>chuán</rt></ruby><ruby>播<rt>bō</rt></ruby><ruby>植<rt>zhí</rt></ruby><ruby>物<rt>wù</rt></ruby><ruby>病<rt>bìng</rt></ruby><ruby>毒<rt>dú</rt></ruby>，<ruby>是<rt>shì</rt></ruby><ruby>常<rt>cháng</rt></ruby><ruby>见<rt>jiàn</rt></ruby><ruby>的<rt>de</rt></ruby><ruby>农<rt>nóng</rt></ruby><ruby>业<rt>yè</rt></ruby><ruby>害<rt>hài</rt></ruby><ruby>虫<rt>chóng</rt></ruby>。<ruby>还<rt>hái</rt></ruby><ruby>有<rt>yǒu</rt></ruby><ruby>一<rt>yí</rt></ruby><ruby>部<rt>bù</rt></ruby><ruby>分<rt>fen</rt></ruby><ruby>同<rt>tóng</rt></ruby><ruby>翅<rt>chì</rt></ruby><ruby>目<rt>mù</rt></ruby><ruby>昆<rt>kūn</rt></ruby><ruby>虫<rt>chóng</rt></ruby><ruby>具<rt>jù</rt></ruby><ruby>有<rt>yǒu</rt></ruby><ruby>攻<rt>gōng</rt></ruby><ruby>击<rt>jī</rt></ruby><ruby>性<rt>xìng</rt></ruby>，<ruby>它<rt>tā</rt></ruby><ruby>们<rt>men</rt></ruby><ruby>靠<rt>kào</rt></ruby><ruby>吸<rt>xī</rt></ruby><ruby>食<rt>shí</rt></ruby><ruby>其<rt>qí</rt></ruby><ruby>他<rt>tā</rt></ruby><ruby>动<rt>dòng</rt></ruby><ruby>物<rt>wù</rt></ruby><ruby>的<rt>de</rt></ruby><ruby>体<rt>tǐ</rt></ruby><ruby>液<rt>yè</rt></ruby><ruby>或<rt>huò</rt></ruby><ruby>血<rt>xuè</rt></ruby><ruby>液<rt>yè</rt></ruby><ruby>为<rt>wéi</rt></ruby><ruby>生<rt>shēng</rt></ruby>。<ruby>蚜<rt>yá</rt></ruby><ruby>虫<rt>chóng</rt></ruby>、<ruby>蝉<rt>chán</rt></ruby><ruby>是<rt>shì</rt></ruby><ruby>较<rt>jiào</rt></ruby><ruby>常<rt>cháng</rt></ruby><ruby>见<rt>jiàn</rt></ruby><ruby>的<rt>de</rt></ruby><ruby>同<rt>tóng</rt></ruby><ruby>翅<rt>chì</rt></ruby><ruby>目<rt>mù</rt></ruby><ruby>昆<rt>kūn</rt></ruby><ruby>虫<rt>chóng</rt></ruby>。

瓢虫吃蚜虫

蚜虫
yá chóng

蚜虫，又称腻虫、蜜虫，是植食性昆虫。目前已经发现的蚜虫总共有10个科，约4400种，其中多数属于蚜科。蚜虫也是地球上最具破坏性的害虫之一，其中大约有250种是对农林业和园艺业危害严重的害虫。

蚜虫

蚜虫

蝉

蝉，又称“知了”，其种类较多。雄蝉的腹部有一个发声器，能连续不断地发出响亮的声音，雌蝉不能发出声音。

蝉

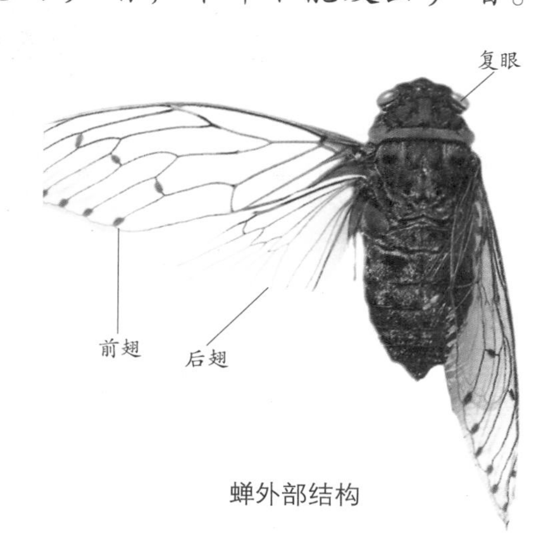

蝉外部结构

双翅目

双翅目昆虫极善飞翔，是昆虫中飞行技巧最好的类群之一，通常包括蚊、虻、蝇等。

习性

它们在水里和陆地上都能生存，大多数都是白天活动，少部分到黄昏或者夜晚才出来活动。

不同的双翅目昆虫，其食物也不同，有的吸食花蜜、树液等，有的捕食昆虫或其他小动物，有的以吸血为生，还有一些寄生在其他生物体上。

苍蝇

<ruby>双<rt>shuāng</rt></ruby> <ruby>翅<rt>chì</rt></ruby> <ruby>目<rt>mù</rt></ruby>

<ruby>双<rt>shuāng</rt></ruby> <ruby>翅<rt>chì</rt></ruby> <ruby>目<rt>mù</rt></ruby> <ruby>昆<rt>kūn</rt></ruby> <ruby>虫<rt>chóng</rt></ruby> <ruby>极<rt>jí</rt></ruby> <ruby>善<rt>shàn</rt></ruby> <ruby>飞<rt>fēi</rt></ruby> <ruby>翔<rt>xiáng</rt></ruby>，<ruby>是<rt>shì</rt></ruby> <ruby>昆<rt>kūn</rt></ruby> <ruby>虫<rt>chóng</rt></ruby> <ruby>中<rt>zhōng</rt></ruby> <ruby>飞<rt>fēi</rt></ruby> <ruby>行<rt>xíng</rt></ruby> <ruby>技<rt>jì</rt></ruby> <ruby>巧<rt>qiǎo</rt></ruby> <ruby>最<rt>zuì</rt></ruby> <ruby>好<rt>hǎo</rt></ruby> <ruby>的<rt>de</rt></ruby> <ruby>类<rt>lèi</rt></ruby> <ruby>群<rt>qún</rt></ruby> <ruby>之<rt>zhī</rt></ruby> <ruby>一<rt>yī</rt></ruby>，<ruby>通<rt>tōng</rt></ruby> <ruby>常<rt>cháng</rt></ruby> <ruby>包<rt>bāo</rt></ruby> <ruby>括<rt>kuò</rt></ruby> <ruby>蚊<rt>wén</rt></ruby>、<ruby>虻<rt>méng</rt></ruby>、<ruby>蝇<rt>yíng</rt></ruby> <ruby>等<rt>děng</rt></ruby>。

🪐 <ruby>习<rt>xí</rt></ruby> <ruby>性<rt>xìng</rt></ruby>

<ruby>它<rt>tā</rt></ruby> <ruby>们<rt>men</rt></ruby> <ruby>在<rt>zài</rt></ruby> <ruby>水<rt>shuǐ</rt></ruby> <ruby>里<rt>li</rt></ruby> <ruby>和<rt>hé</rt></ruby> <ruby>陆<rt>lù</rt></ruby> <ruby>地<rt>dì</rt></ruby> <ruby>上<rt>shang</rt></ruby> <ruby>都<rt>dōu</rt></ruby> <ruby>能<rt>néng</rt></ruby> <ruby>生<rt>shēng</rt></ruby> <ruby>存<rt>cún</rt></ruby>，<ruby>大<rt>dà</rt></ruby> <ruby>多<rt>duō</rt></ruby> <ruby>数<rt>shù</rt></ruby> <ruby>都<rt>dōu</rt></ruby> <ruby>是<rt>shì</rt></ruby> <ruby>白<rt>bái</rt></ruby> <ruby>天<rt>tiān</rt></ruby> <ruby>活<rt>huó</rt></ruby> <ruby>动<rt>dòng</rt></ruby>，<ruby>少<rt>shǎo</rt></ruby> <ruby>部<rt>bù</rt></ruby> <ruby>分<rt>fen</rt></ruby> <ruby>到<rt>dào</rt></ruby> <ruby>黄<rt>huáng</rt></ruby> <ruby>昏<rt>hūn</rt></ruby> <ruby>或<rt>huò</rt></ruby> <ruby>者<rt>zhě</rt></ruby> <ruby>夜<rt>yè</rt></ruby> <ruby>晚<rt>wǎn</rt></ruby> <ruby>才<rt>cái</rt></ruby> <ruby>出<rt>chū</rt></ruby> <ruby>来<rt>lái</rt></ruby> <ruby>活<rt>huó</rt></ruby> <ruby>动<rt>dòng</rt></ruby>。

<ruby>不<rt>bù</rt></ruby> <ruby>同<rt>tóng</rt></ruby> <ruby>的<rt>de</rt></ruby> <ruby>双<rt>shuāng</rt></ruby> <ruby>翅<rt>chì</rt></ruby> <ruby>目<rt>mù</rt></ruby> <ruby>昆<rt>kūn</rt></ruby> <ruby>虫<rt>chóng</rt></ruby>，<ruby>其<rt>qí</rt></ruby> <ruby>食<rt>shí</rt></ruby> <ruby>物<rt>wù</rt></ruby> <ruby>也<rt>yě</rt></ruby> <ruby>不<rt>bù</rt></ruby> <ruby>同<rt>tóng</rt></ruby>，<ruby>有<rt>yǒu</rt></ruby> <ruby>的<rt>de</rt></ruby> <ruby>吸<rt>xī</rt></ruby> <ruby>食<rt>shí</rt></ruby> <ruby>花<rt>huā</rt></ruby> <ruby>蜜<rt>mì</rt></ruby>、<ruby>树<rt>shù</rt></ruby> <ruby>液<rt>yè</rt></ruby> <ruby>等<rt>děng</rt></ruby>，<ruby>有<rt>yǒu</rt></ruby> <ruby>的<rt>de</rt></ruby> <ruby>捕<rt>bǔ</rt></ruby> <ruby>食<rt>shí</rt></ruby> <ruby>昆<rt>kūn</rt></ruby> <ruby>虫<rt>chóng</rt></ruby> <ruby>或<rt>huò</rt></ruby> <ruby>其<rt>qí</rt></ruby> <ruby>他<rt>tā</rt></ruby> <ruby>小<rt>xiǎo</rt></ruby> <ruby>动<rt>dòng</rt></ruby> <ruby>物<rt>wù</rt></ruby>，<ruby>有<rt>yǒu</rt></ruby> <ruby>的<rt>de</rt></ruby> <ruby>以<rt>yǐ</rt></ruby> <ruby>吸<rt>xī</rt></ruby> <ruby>血<rt>xuè</rt></ruby> <ruby>为<rt>wéi</rt></ruby> <ruby>生<rt>shēng</rt></ruby>，<ruby>还<rt>hái</rt></ruby> <ruby>有<rt>yǒu</rt></ruby> <ruby>一<rt>yì</rt></ruby> <ruby>些<rt>xiē</rt></ruby> <ruby>寄<rt>jì</rt></ruby> <ruby>生<rt>shēng</rt></ruby> <ruby>在<rt>zài</rt></ruby> <ruby>其<rt>qí</rt></ruby> <ruby>他<rt>tā</rt></ruby> <ruby>生<rt>shēng</rt></ruby> <ruby>物<rt>wù</rt></ruby> <ruby>体<rt>tǐ</rt></ruby> <ruby>上<rt>shang</rt></ruby>。

苍蝇

蚊子

wén zi shì chòu míng zhāo zhù de hài chóng zhī yī　　tā men de fán zhí néng lì hěn qiáng

蚊子是臭名昭著的害虫之一，它们的繁殖能力很强。

cí wén zi bǎ luǎn chǎn zài shuǐ zhōng　wén zi yòu chóng jiào jié jué　tā zài shuǐ zhōng jīng guò 4
雌蚊子把卵产在水中。蚊子幼虫叫孑孓，它在水中经过4

cì tuì pí hòu biàn chéng yǒng　zhè zhǒng yǒng jì xù zài shuǐ zhōng shēng huó liǎng sān tiān hòu jiù
次蜕皮后变成蛹，这种蛹继续在水中生活两三天后就

biàn wéi wén zi le　wén zi yì nián kě yǐ fán zhí qī bā dài
变为蚊子了。蚊子一年可以繁殖七八代。

wén zi yǒu cí xióng zhī fēn　yì bān qíng kuàng xià　tā men dōu xǐ huan xī shí huā mì huò

蚊子有雌雄之分，一般情况下，它们都喜欢吸食花蜜或

zhí wù de zhī yè　fán zhí shí qī　cí wén bì xū xī shí xuè yè lái cù jìn luǎn de chéng shú
植物的汁液。繁殖时期，雌蚊必须吸食血液来促进卵的成熟，

jìn ér fán zhí chū xià yí dài　suǒ yǐ shuō　dīng rén de shì cí wén　ér bú shì xióng wén
进而繁殖出下一代。所以说，叮人的是雌蚊，而不是雄蚊。

蚊子和它的幼虫

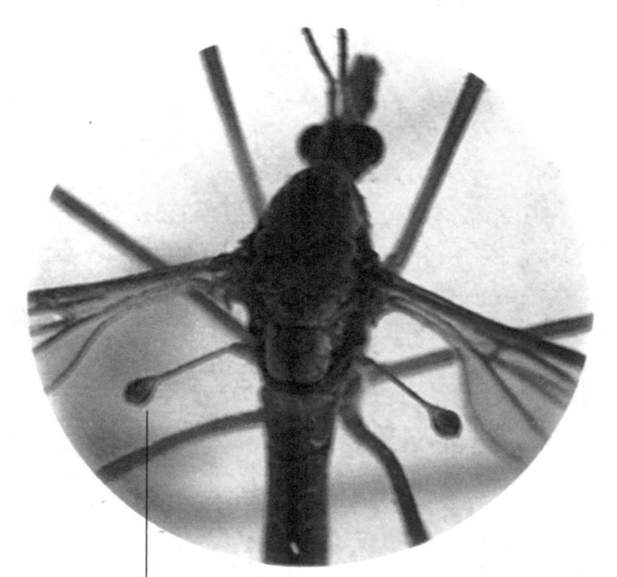

蚊子的平衡棒

知识小链接

蚊子

科学家们发现，蚊子爱听“1”（读音“哆”）的音节，厌恶“4”（读音“发”）的音节，于是人们便利用蚊子这一有趣的特性，制造了许多型号的扬声触杀器，引诱蚊子，聚而歼之。

zhí chì mù
直翅目

目前已知的直翅目昆虫大约有1万种，其中大多数都以植物为食，对农作物有害，是常见的害虫。很多直翅目昆虫由于鸣叫或争斗的习性，成为传统的观赏昆虫，比如蟋蟀。

身体特征
shēn tǐ tè zhēng

直翅目昆虫多数都是大、中体形，口器为咀嚼式，上颚发达，强大而坚硬。有一节一节的长长的触角，多数种类的触角都是丝状，有的昆虫的触角比身体长。复眼大而且向外突出，单眼一般2～3个，少数种类没有单眼。前翅狭长，稍硬化，停息时覆盖在背上，后翅膜质，比较薄，停息时呈折扇放于前翅下。多数种类后足比较发达，擅长跳跃。

蟋蟀外部结构

长长的触角能使蟋蟀感知黑暗中的道路

长而尖的产卵器

长而有力的后腿使其善于跳跃

蝗虫

蝗虫是常见的直翅目害虫，它们以植物为食，出现

蝗虫外部结构

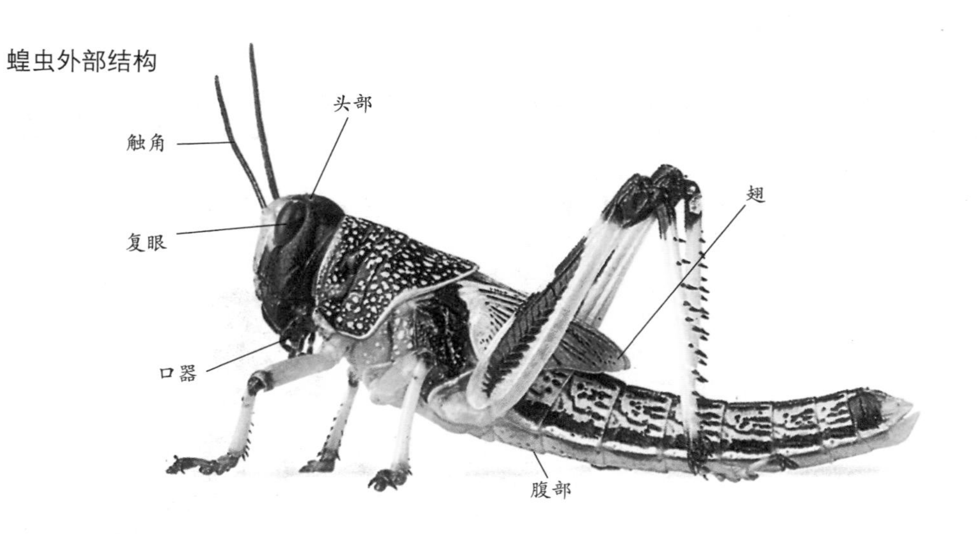

时数量极多，在严重干旱时可能会大量爆发，引发“蝗灾”。

蝗虫大多数以啃食植物叶片为生，最喜欢吃禾本科植物，是著名的农业害虫。也有一些家族成员觉得光吃植物太没营养，所以它们也吃其他昆虫的尸体，饿极了，连同类也不放过。

古今中外，蝗虫泛滥成灾的事例真是太多了。1957年，非洲索马里曾爆发了一次声势浩大的蝗灾，为害的蝗虫达160多亿只，总重5万吨。现在，国际上每年都要拨巨款来消灭蝗虫，主要的手段有火攻、飞机撒药、细菌病毒攻击等。

膜翅目

膜翅目昆虫种类众多，包括蜂、蚁类昆虫。世界上已知的

mó chì mù kūn chóng chāo guò wàn zhǒng guǎng fàn fēn bù yú shì jiè gè dì
膜翅目昆虫超过12万种，广泛分布于世界各地。

shēn tǐ tè zhēng

身体特征

mó chì mù kūn chóng yì bān tǐ cháng

膜翅目昆虫一般体长0.25～7

lí mǐ tóu bù míng xiǎn bó zi xì xiǎo tóu kě
厘米，头部明显，脖子细小，头可

zì yóu zhuàn dòng chù jiǎo yǒu sī zhuàng bàng zhuàng hé
自由转动。触角有丝状、棒状和

shān zhuàng děng tóu bù liǎng cè yǒu duì fā dá
扇状等，头部两侧有1对发达

de fù yǎn é shàng fāng yǒu gè dān yǎn
的复眼，额上方有3个单眼，

chéng sān jiǎo xíng pái liè shǎo shù zhǒng lèi méi yǒu dān yǎn kǒu qì
呈三角形排列。少数种类没有单眼。口器

正在交流的蚂蚁

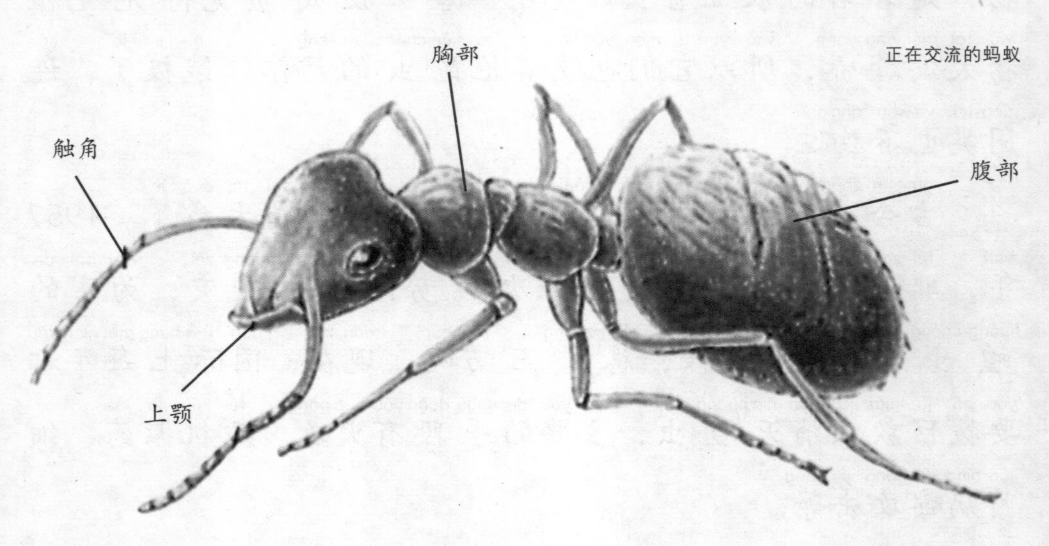

触角

胸部

腹部

上颚

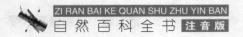

蚁类外部结构

多为咀嚼式，前胸一般较小。多数种类都具有两对正常的翅膀，一般前翅比后翅大，胸上长有3对看起来相同的胸足，腹部呈节状。

习性

膜翅目昆虫多为植食性或寄生性，也有肉食性的，如胡蜂的幼虫等。部分种类群居，是昆虫中进化程度最高的类群。

蜂后 每只蜂巢只有一个蜂后，蜂后和雄蜂交配，然后产卵

雄蜂 春末和夏季产生，与蜂后交配，秋末完成使命就死去

工蜂 负责采集花蜜，酿造蜂蜜，照顾幼虫

duō wéi jǔ jué shì　qián xiōng yì bān jiào xiǎo　　duō shù zhǒng lèi dōu jù yǒu liǎng duì zhèng cháng
多为咀嚼式，前胸一般较小。多数种类都具有两对正常
de chì bǎng　　yì bān qián chì bǐ hòu chì dà　　xiōng shang zhǎng yǒu　　duì kàn qǐ lái xiāng tóng de
的翅膀，一般前翅比后翅大，胸上长有3对看起来相同的
xiōng zú　fù bù chéng jié zhuàng
胸足，腹部呈节状。

xí xìng
习性

mó chì mù kūn chóng duō wéi zhí shí xìng huò　jì shēng xìng　　yě yǒu ròu shí xìng de　　rú
膜翅目昆虫多为植食性或寄生性，也有肉食性的，如
hú fēng de yòu chóng děng　　bù fen zhǒng lèi qún jū　　shì kūn chóng zhōng jìn huà chéng dù zuì gāo
胡蜂的幼虫等。部分种类群居，是昆虫中进化程度最高
de lèi qún
的类群。

蜂后 每只蜂巢只有一个蜂后，蜂后和雄蜂交配，然后产卵

雄蜂 春末和夏季产生，与蜂后交配，秋末完成使命就
死去

工蜂 负责采集花蜜，酿造蜂蜜，照顾幼虫

蜘蛛目

蜘蛛目都属于节肢动物一类。全世界的蜘蛛已知的约有3.5万种，中国记载的约有1000种。

身体特征

蜘蛛目动物身体长短不等，分头胸部和腹部，头胸部背面有背甲，背甲的前端通常有8个单眼，排成2～4行，腹部多为圆形或卵圆形，但有的有各种突起，形状奇特。腹部纺绩器由附肢演变而来，纺绩器上有许多纺管，内连各种丝腺，蜘蛛织网用的丝就是从这里来的。

别看蜘蛛丝细得和头发差不多，但它可是世界上最坚韧的东西之一。据科学家研究试验，一束由蜘蛛丝组成的绳子，比同样粗细的钢筋还要坚韧有力。对上述蛛丝材料进一步加工后，可用其制造轻型防弹背心、降落伞、武器装备防护材料、车轮外胎、整形手术用具和高强度渔网等产品。

蜘蛛

如果蜘蛛刚刚吃饱，那它们就会把猎物用细丝包好，留着以后食用

zhī zhū
蜘蛛

zhī zhū duì rén lèi yǒu yì yòu yǒu hài
蜘蛛对人类有益又有害。
hěn duō zhī zhū dōu yǒu jù dú bǐ rú hēi
很多蜘蛛都有剧毒，比如“黑
guǎ fu rén yí dàn bèi shāng dào qīng zhě
寡妇”，人一旦被伤到，轻者
zhù yuàn shù rì zhòng zhě huì sàng mìng zǒng
住院数日，重者会丧命。总
de lái kàn zhī zhū duì rén men de yì chù gèng
的来看，蜘蛛对人们的益处更
dà xiē wǒ men cháng jiàn de zhī zhū bǔ shí
大些，我们常见的蜘蛛捕食
de dōu shì hài chóng
的都是害虫。

蜘蛛

6 第六章

ZHI WU WANG GUO 植物王国

jūn lèi 菌类

jūn lèi shì gè páng dà de jiā zú tā men wú chù bú zài xiàn zài yǐ zhī de jūn lèi yǒu duō wàn zhǒng
菌类是个庞大的家族，它们无处不在。现在，已知的菌类有10多万种。

jūn lèi de tè zhēng 菌类的特征

jūn lèi jié gòu jiǎn dān bù néng zì zhì yǎng liào bì xū cóng qí tā shēng wù huò shēng wù yí tǐ shēng wù pái xiè wù zhōng shè qǔ yǎng fèn
菌类结构简单，不能自制养料，必须从其他生物或生物遗体、生物排泄物中摄取养分。

蘑菇

蘑菇多呈伞状，常在腐烂的枝叶、草地上生长，颜色、形态各异，是一类大型高等真菌，有的可食用，有的带剧毒

马勃

马勃幼时内外呈纯白色，成熟后自动爆裂，冒出的烟雾会使人鼻涕、眼泪一起流，因此号称“天然催泪弹”

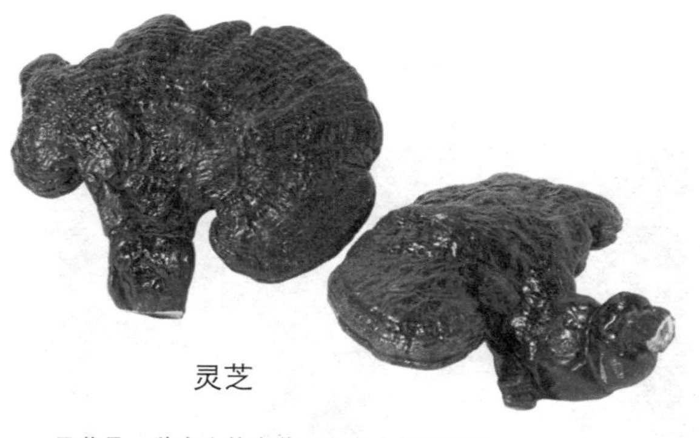
灵芝

灵芝是一种腐生的真菌，大多生长在阔叶林的树桩和朽木上，寿命一般为 1 ～ 2 年，极少有能活多年的。灵芝可以入药

金针菇

huán jìng qīng jié gōng
环境“清洁工”

zì rán jiè zhōng měi tiān dōu yǒu shǔ bu qīng de shēng wù zài sǐ wáng yǒu wú shù de kū zhī luò yè hé dà liàng de dòng wù pái xiè wù děng děng jūn lèi zuì dà de běn lǐng jiù shì bǎ yǐ sǐ wáng de fù zá yǒu jī tǐ fēn jiě wéi jiǎn dān de yǒu jī fēn zǐ zài zhè ge qīng chú dà zì rán lā jī de guò chéng zhōng huì chǎn shēng èr yǎng huà tàn shuǐ hé duō zhǒng wú jī yán zhè xiē kě chóng xīn wéi zhí wù suǒ lì yòng cóng ér bǎo chí zì rán jiè de wù zhì xún huán

自然界中每天都有数不清的生物在死亡，有无数的枯枝落叶和大量的动物排泄物，等等。菌类最大的本领就是把已死亡的复杂有机体分解为简单的有机分子，在这个清除大自然“垃圾”的过程中会产生二氧化碳、水和多种无机盐，这些可重新为植物所利用，从而保持自然界的物质循环。

蘑菇

真菌和人类的关系

马勃

真菌和我们的生活关系非常密切，许多菌类可供食用，我们吃的蘑菇、银耳、木耳等都是真菌。气候潮湿时，衣物、家具会长“白毛”，仓库里的粮食、水果、蔬菜会腐烂变质，这都是由真菌造成的。有些真菌在医药和食品工业中有很高的价值。

木耳

木耳是一种腐生性真菌，样子仿佛人的耳朵一般，作为食品已有上千年的历史

猴头菌

猴头菌是一种著名的美味食用菌，其子实体有点儿像猴子的头。野生猴头菌多生于柞树、胡桃的腐木或立木的受伤处

zǎo lèi
藻类

zǎo lèi shì dī děng zhí wù de yí gè dà lèi dà yuē yǒu wàn zhǒng tā men de gè tǐ dà xiǎo xuán shū xiǎo de zhǐ yǒu jǐ wēi mǐ bì xū zài xiǎn wēi jìng xià cái néng kàn dào tǐ xíng jiào dà de ròu yǎn kě jiàn tǐ cháng kě dá mǐ

藻类是低等植物的一个大类，大约有2.5万种。它们的个体大小悬殊，小的只有几微米，必须在显微镜下才能看到；体形较大的肉眼可见，体长可达60米。

yǎng qì zhì zào zhě
氧气制造者

zǎo lèi xì bāo zhōng yǒu yè lǜ sù néng jìn xíng guāng hé zuò yòng zì zhì yǎng fèn hǎi yáng zǎo lèi shì hǎi yáng shí wù liàn de chū jí wù zhì zǎo lèi guāng hé zuò yòng chǎn shēng de yǎng qì shì dà qì hé hǎi yáng zhōng yǎng qì de zhòng yào lái yuán zhī yī

藻类细胞中有叶绿素，能进行光合作用，自制养分。海洋藻类是海洋食物链的初级物质，藻类光合作用产生的氧气是大气和海洋中氧气的重要来源之一。

海洋藻类

强大的生存能力

藻类的分布范围极广，对环境条件要求不高，适应性较强，在极低的营养浓度、极微弱的光照强度和相当低的温度下也能存活。藻类不仅能生长在江河、溪流、湖泊和海洋中，而且能生长在短暂积水或潮湿的地方。从热带到两极，从积雪的高山到温热的泉水，从潮湿的地面到不是很深的土壤内，几乎到处都有藻类分布，甚至在潮湿的树皮、叶片、地表及房顶、墙壁上也有它们的踪迹。

藻类

藻类的作用

有些藻类植物可以直接供人们食用，如海带、紫菜、石花菜等；有些是重要的工业原料，从中可以提取藻胶等物质。可以预料，藻类在解决人类目前普遍存在的粮食缺乏、能源危机和环境污染等问题中，将发挥重要作用。

水藻

硅藻

硅藻的名字来源于它们的细胞壁含有大量的结晶硅。硅藻的形体犹如盒子，由一大一小的两个半片硅质壳套在一起。在显微镜下，壳的表面纹饰像一个巧夺天工的万花筒世界，十分美丽多姿。

硅藻有1万余种，分布广泛，是海河湖泊中浮游植物的重要成员，它们对渔业及海洋养殖业的发展起了至关重要的作用。由大量硅藻遗骸沉积海底形成的硅藻土在工业上有很大用途，而化石硅藻在石油的形成和富集上做出了重要贡献。

tái xiǎn
苔藓

tái xiǎn shì yì zhǒng xiǎo xíng de lǜ sè zhí wù píng jiè zì jǐ róu ruò ǎi xiǎo de shēn qū
苔藓是一种小型的绿色植物，凭借自己柔弱、矮小的身躯，
dì yī gè cóng shuǐ zhōng dào dá lù dì shang quán shì jiè yuē yǒu zhǒng tái xiǎn zhí wù
第一个从水中到达陆地上。全世界约有 23000 种苔藓植物。

xíng tài tè zhēng
形态特征

tái xiǎn yì bān jǐn jǐ lí mǐ gāo dà de kě dá lí mǐ huò gèng gāo xiē tái
苔藓一般仅几厘米高，大的可达 30 厘米或更高些。苔
xiǎn dà duō yǒu jīng hé yè shǎo liàng wéi yè zhuàng tǐ tā men méi yǒu zhēn zhèng de gēn
藓大多有茎和叶，少量为叶状体。它们没有真正的根，
zhǐ yǒu yóu dān xì bāo huò duō xì bāo gòu chéng de jiǎ gēn qǐ xī shuǐ hé fù zhuó de zuò yòng
只有由单细胞或多细胞构成的假根，起吸水和附着的作用。

shēng zhǎng xí xìng
生长习性

tái xiǎn bú shì yí zài yīn àn chù shēng zhǎng
苔藓不适宜在阴暗处生长，
tā xū yào yí dìng de sǎn shè guāng xiàn huò
它需要一定的散射光线或
bàn yīn huán jìng zuì zhǔ yào de shì tā
半阴环境，最主要的是它
xǐ huan cháo shī huán jìng tè bié bú nài
喜欢潮湿环境，特别不耐
gān hàn jí gān zào suǒ yǐ tā men dà
干旱及干燥。所以，它们大
liàng shēng zhǎng zài yīn shī de shí miàn biǎo tǔ hé
量生长在阴湿的石面、表土和
shù pí shang yǐ jí qiáng tóu wū dǐng hé yuàn luò zhōng
树皮上，以及墙头、屋顶和院落中。

苔藓

分布情况

苔藓植物分布范围极广，可以生存在热带、温带及寒冷的地区（如南极洲和格陵兰岛）。终年寒冷，地表只生长苔藓、地衣等的地区被称为苔原。

苔原

主要作用

苔藓能大量聚积水分，分泌酸性物质，从而加速对岩石面的腐蚀和生土熟化过程，为其他高等植物生长创造适宜的土壤环境。

苔藓

苔藓

jué lèi
蕨类

jué lèi shì bǐ tái xiǎn zhí wù gāo yì jí de zhí wù tā shì lì shǐ zuì wéi yōu jiǔ zuì zǎo de lù shēng zhí wù kào bāo zǐ fán yǎn hòu dài zǎo qī jué lèi zhí wù gāo dá mǐ

蕨类是比苔藓植物高一级的植物，它是历史最为悠久、最早的陆生植物，靠孢子繁衍后代。早期蕨类植物高达 20 ~ 30 米。

xíng tài tè zhēng
形态特征

jué lèi zhí wù de gēn tōng cháng wéi xū gēn zhuàng jīng dà duō wéi gēn zhuàng jīng pú fú shēng zhǎng huò héng zǒu shǎo shù zhí lì yè duō cóng gēn zhuàng jīng shang zhǎng chū yòu shí dà duō chéng quán qū zhuàng

蕨类植物的根通常为须根状；茎大多为根状茎，匍匐生长或横走，少数直立；叶多从根状茎上长出，幼时大多呈蜷曲状。

蕨类

蕨类

蕨类王国

jué lèi zài suǒ yǒu zhí wù zhōng shì yí gè bǐ jiào dà de jiā

蕨类在所有植物中是一个比较大的家

zú tā men céng zài lì shǐ shang shèng jí yì shí gǔ shēng dài
族，它们曾在历史上盛极一时。古生代

hòu qī shí tàn jì hé èr dié jì wéi jué lèi zhí wù shí dài
后期、石炭纪和二叠纪为蕨类植物时代，

dāng shí nà xiē dà xíng de shù jué rú lín mù fēng yìn mù
当时那些大型的树蕨，如鳞木、封印木、

lú mù děng shì gòu chéng huà shí zhí wù hé méi céng de yí gè zhòng
芦木等，是构成化石植物和煤层的一个重

yào zǔ chéng bù fen jīn yǐ jué jì
要组成部分，今已绝迹。

蕨类的叶子

xiàn cún de jué lèi zhí wù yuē yǒu

现存的蕨类植物约有

zhǒng zhōng guó yuē yǒu
12000种，中国约有2600

zhǒng suǒ yǐ zhōng guó yǒu jué lèi wáng
种，所以中国有“蕨类王

guó zhī chēng
国”之称。

蕨类

蕨类

地衣

在海拔几百米到数千米的高山岩石上，常常点缀着黄绿色、灰色、橘红色、褐色和黄色的斑块，这就是地衣。目前人们已知的地衣约有26000种。

植物拓荒者

地衣在土壤形成过程中有一定作用。生长在岩石表面的地衣所分泌的多种地衣酸可腐蚀岩面，使岩石表面逐渐龟裂和破碎，加之自然的风化作用，岩石表面逐渐形成了土壤层，为其他高等植物的生长创造了条件。因此，地衣常被称为“植物拓荒者”或“先锋植物”。

地衣

jūn zǎo gòng shēng
菌藻共生

dì yī shì yì zhǒng zhēn jūn yǔ zǎo lèi de gòng shēng lián hé tǐ dàn bìng bú shì suǒ yǒu de zhēn jūn zǎo lèi dōu néng pīn còu zǔ hé zǎo lèi lì yòng guāng hé zuò yòng zhì zào yíng yǎng zhēn jūn xī shōu shuǐ fèn hé yíng yǎng gòu chéng jì wěn dìng yòu hù huì de lián hé tǐ

地衣是一种真菌与藻类的共生联合体，但并不是所有的真菌、藻类都能拼凑组合。藻类利用光合作用制造营养，真菌吸收水分和营养，构成既稳定又互惠的联合体。

dì yī de tǐ tài
地衣的体态

dì yī de tǐ tài hěn yǒu qù yǒu de yī tǐ yǔ zhuó shēng jī céng jǐn jǐn xiāng tiē hěn nán bō lí zhè lèi dì yī bèi chēng wéi ké zhuàng dì yī yǒu de yī tǐ chéng yè piàn zhuàng bèi chēng wéi yè zhuàng dì yī zhè zhǒng yī tǐ yì cóng zhuó shēng de jī wù bō lí rú shí ěr hé méi yī méi yī yè zhuàng tǐ biān yuán yǒu xǔ duō fēn chà de liè piàn fù tiē zài dì shang xiàng yì duǒ duǒ shèng kāi de méi huā yǒu de yī tǐ chéng shù zhī zhuàng bèi chēng wéi zhī zhuàng dì yī sōng luó shǔ zhè yí lèi dì yī

地衣的体态很有趣：有的衣体与着生基层紧紧相贴，很难剥离，这类地衣被称为壳状地衣。有的衣体呈叶片状，被称为叶状地衣。这种衣体易从着生的基物剥离，如石耳和梅衣。梅衣叶状体边缘有许多分叉的裂片，附贴在地上，像一朵朵盛开的梅花。有的衣体呈树枝状，被称为枝状地衣，松萝属这一类地衣。

> **知识小链接**
>
> **共生现象**
>
> 共生又叫互利共生，是两种生物彼此互利地生存在一起，缺此失彼都不能延续生存的一类种间关系，是生物之间相互关系的高度发展。生物界共生现象很多，如海葵和小丑鱼共生。

树上的地衣

地衣

种子植物
zhǒng zi zhí wù

rén men tōng cháng bǎ yóu zhǒng zi fā yù chéng de bìng qiě néng gòu kāi huā jiē chū zhǒng zi de lǜ sè

人们通常把由种子发育成的，并且能够开花结出种子的绿色

zhí wù jiào zhǒng zi zhí wù
植物叫种子植物。

分类
fēn lèi

zhǒng zi zhí wù shì zhí wù jiè zuì gāo děng de lèi qún dì qiú shang xiàn cún de zhǒng zi

种子植物是植物界最高等的类群。地球上现存的种子

zhí wù dà gài yǒu wàn zhǒng xiàn yǒu de zhǒng zi zhí wù fēn wéi bèi zǐ zhí wù hé luǒ zǐ
植物大概有20万种，现有的种子植物分为被子植物和裸子

zhí wù liǎng dà lèi
植物两大类。

被子植物
bèi zǐ zhí wù

zhǒng zi bèi bāo guǒ zài guǒ pí zhōng de

种子被包裹在果皮中的

zhǒng zi zhí wù jiù shì bèi zǐ zhí wù bèi zǐ
种子植物就是被子植物。被子

zhí wù jù yǒu gēn jīng yè guǒ shí
植物具有根、茎、叶、果实、

zhǒng zi de fēn huà shì yìng xìng jí qiáng
种子的分化，适应性极强，

zài gāo shān shā mò yán jiǎn dì yǐ jí
在高山、沙漠、盐碱地，以及

shuǐ li dōu néng shēng zhǎng shì zhí wù jiè zhōng
水里都能生长，是植物界中

zuì dà de lèi qún jué dà duō shù de bèi zǐ
最大的类群。绝大多数的被子

zhí wù dōu néng gòu jìn xíng guāng hé zuò yòng
植物都能够进行光合作用，

zhì zào yǒu jī wù
制造有机物。

罗汉松

苏铁的雄球花

裸子植物

有一些种子植物的胚珠没有被包裹，不形成果实，种子是裸露的，因此被称为裸子植物。可以简单理解为，种子外面没有果皮保护的种子植物就是裸子植物。裸子植物是原始的种子植物，属于种子植物中较低级的一类。裸子植物很多为重要林木，尤其在北半球，大的森林中80%以上是裸子植物，常见的裸子植物有松树、杉树、铁树等。

中国裸子植物的种类约占全世界的1/3，所以中国素有“裸子植物故乡”的美称。

黄枝油杉

zhǒng zi zhí wù de qì guān
种子植物的器官

gēn jīng yè huā guǒ shí

根、茎、叶、花、果实、

zhǒng zi bèi chēng wéi zhǒng zi zhí wù de
种子被称为种子植物的6

dà qì guān
大器官。

gēn tōng cháng wèi yú dì biǎo xià miàn fù

根通常位于地表下面，负

zé xī shōu tǔ rǎng lǐ miàn de shuǐ fèn jí róng jiě zài shuǐ
责吸收土壤里面的水分及溶解在水

zhōng de lí zǐ yǒu de hái néng zhù cáng yǎng liào
中的离子，有的还能贮藏养料。

jīng shǔ yú zhí wù tǐ de zhōng zhóu bù fen shàng miàn

茎属于植物体的中轴部分。上面

shēng zhǎng yè huā hé guǒ shí jù yǒu shū dǎo hé zhù cún yíng yǎng
生长叶、花和果实，具有输导和贮存营养

wù zhì jí shuǐ fèn de gōng néng
物质及水分的功能。

yè shì yóu jīng dǐng duān jìn yí bù shēng zhǎng hé fēn huà xíng chéng de yì bān yóu yè

叶子的形态

叶是由茎顶端进一步生长和分化形成的，一般由叶

piàn yè bǐng hé tuō yè bù fen zǔ chéng shì zhí wù jìn xíng guāng hé zuò yòng de zhǔ yào zǔ
片、叶柄和托叶3部分组成，是植物进行光合作用的主要组织。

土豆

土豆的茎呈块状，里边储藏着大量的淀粉，因此这种茎又称储藏茎

小麦根系

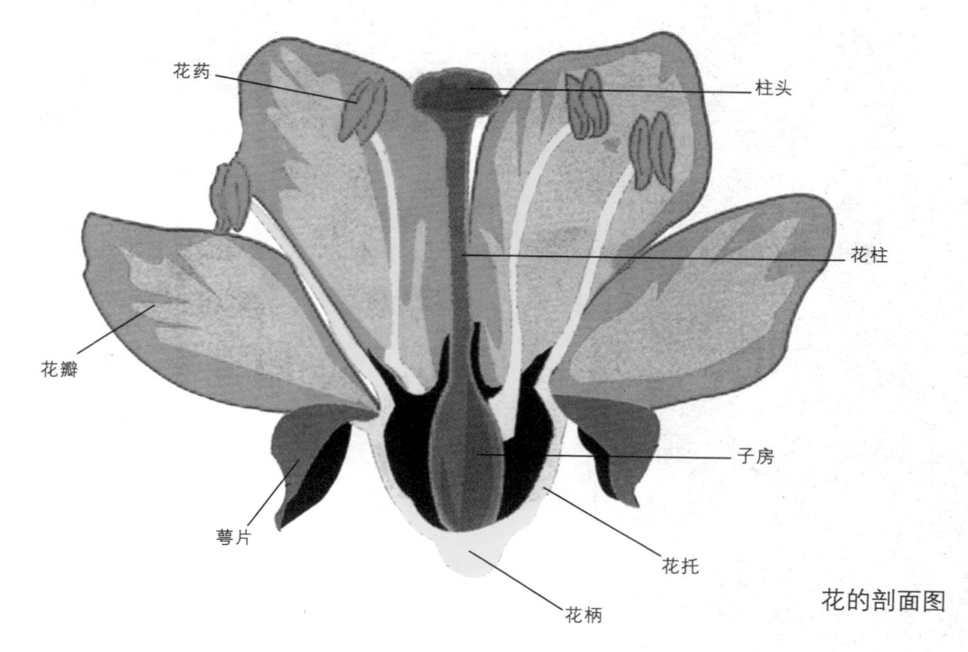

花药
柱头
花柱
花瓣
子房
萼片
花托
花柄

花的剖面图

huā shì bèi zǐ zhí wù de shēng zhí qì guān　　zhǔ yào yóu huā tuō　huā è　huā

花是被子植物的生殖器官，主要由花托、花萼、花

bàn　huā ruǐ jǐ bù fen zǔ chéng
瓣、花蕊几部分组成。

guǒ shí shì bèi zǐ zhí wù de huā jīng chuán fěn　　shòu jīng hòu xíng chéng de jù yǒu guǒ pí

果实是被子植物的花经传粉、受精后形成的具有果皮

jí zhǒng zi de qì guān
及种子的器官。

zhǒng zi yì bān yóu zhǒng pí　　pēi hé pēi rǔ　　bù fen zǔ chéng　zài yí dìng tiáo jiàn

种子一般由种皮、胚和胚乳3部分组成，在一定条件

xià néng méng fā chéng xīn de zhí wù tǐ
下能萌发成新的植物体。

草莓果实

种子植物

shù mù
树木

shù mù shì mù běn zhí wù de tǒng chēng yì bān yóu
树木是木本植物的通称，一般由
shù gēn shù gàn shù zhī shù yè bù fen zǔ chéng
树根、树干、树枝、树叶4部分组成。
gēn jù shòu mìng cháng duǎn fēn zhī fāng shì hé wài bù xíng
根据寿命长短、分枝方式和外部形
tài shù mù kě fēn wéi qiáo mù guàn mù hé bàn guàn mù
态，树木可分为乔木、灌木和半灌木。

人类最好的朋友

树木是人类最好的朋友，能吸收二氧化碳，释放氧气，因此有“氧气制造厂”的美称。有些树木的表皮上长有绒毛或者能够分泌出油脂，可以吸附空气中的粉尘，有效降低空气中的含尘量，提高空气质量。许多树木在生长过程中会分泌出杀菌素，杀死由粉尘等带来的各种病原菌。除此之外，树木还可以调节气候、净化空气、防风降噪和防止水土流失、山体滑坡等自然灾害，享有“天然水库”和“天然空调器”的美称。

知识小链接

年轮

在被砍伐的树木的树桩上，我们会看到一圈圈深浅交替的同心环，这些环既记录了树木的年龄，也反映了每年的天气情况，被人们叫作年轮。

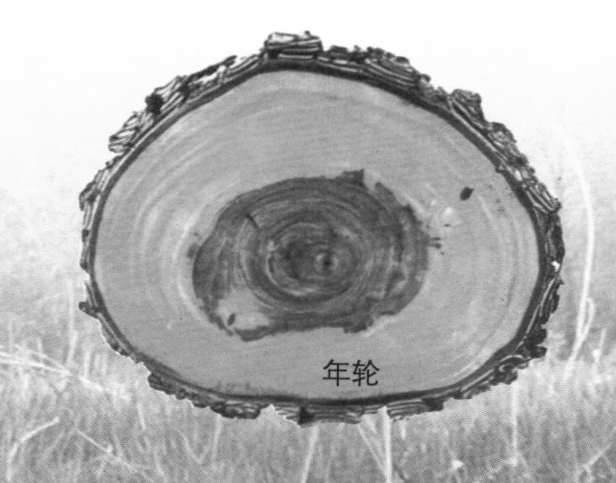
年轮

luò yè qiáo mù
落叶乔木

yǒu yì xiē shēng zhǎng zài wēn dài de qiáo mù měi nián qiū dōng jì jié huò gān hàn jì jié shí yīn wèi rì zhào biàn shǎo dǎo zhì shù mù nèi bù shēng zhǎng sù jiǎn shǎo suǒ yǐ yè zi huì quán bù tuō luò rén men bǎ zhè zhǒng qiáo mù chēng wéi luò yè qiáo mù
有一些生长在温带的乔木，每年秋冬季节或干旱季节时，因为日照变少导致树木内部生长素减少，所以叶子会全部脱落，人们把这种乔木称为落叶乔木。

xí xìng de xíng chéng
习性的形成

luò yè shì zhí wù jiǎn shǎo zhēng téng dù guò hán lěng huò gān hàn jì jié de yì zhǒng shì yìng fǎn yìng zhè yì xí xìng shì zhí wù zài cháng qī jìn huà guò chéng zhōng xíng chéng de
落叶是植物减少蒸腾、度过寒冷或干旱季节的一种适应反应，这一习性是植物在长期进化过程中形成的。

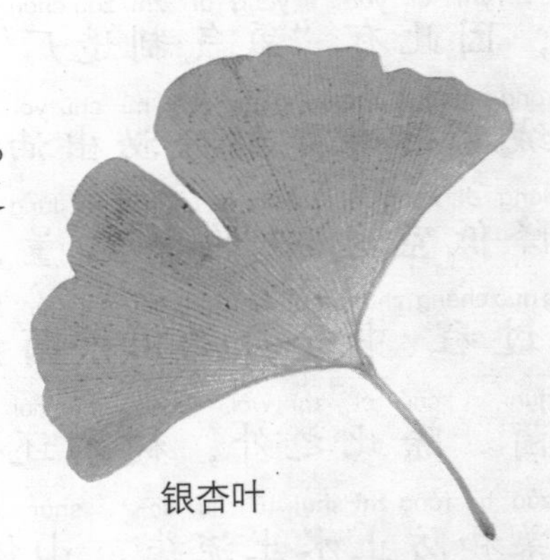
银杏叶

diǎn xíng dài biǎo
典型代表

yín xìng shuǐ shān fēng shù děng dōu shì luò yè qiáo mù de diǎn xíng dài biǎo qí zhōng
银杏、水杉、枫树等都是落叶乔木的典型代表。其中

银杏是国家一级保护植物，它具有肉质外种皮的种子，颇似杏果，成熟时外面还披有一层白粉，因此被称为“银杏”。

刺槐又叫洋槐，树冠呈椭圆形或倒卵形，花为白色，花冠蝶形，具有芳香的气味，果实为扁平的荚果，就像大豆荚一样。洋槐树高大、耐旱、耐寒。

白桦是我国东北主要的落叶乔木之一，最高的可达20多米。树干上面长着白垩色的树皮。

cháng lǜ qiáo mù
常绿乔木

zhōng nián zhǎng yǒu lǜ yè de qiáo mù jiù shì cháng lǜ qiáo mù
终年长有绿叶的乔木就是常绿乔木。

cháng lǜ de yuán yīn
常绿的原因

cháng lǜ qiáo mù yè zi de shòu mìng yì bān shì liǎng sān nián huò zhě gèng cháng bìng qiě měi nián dōu yǒu xīn yè zhǎng chū zài xīn yè zhǎng chū de shí hou yě yǒu bù fen jiù yè tuō luò yóu yú shì lù xù gēng xīn suǒ yǐ yì nián sì jì dōu néng bǎo chí lǜ sè
常绿乔木叶子的寿命一般是两三年或者更长，并且每年都有新叶长出，在新叶长出的时候也有部分旧叶脱落。由于是陆续更新，所以一年四季都能保持绿色。

lǜ huà shǒu xuǎn
绿化首选

zhè zhǒng qiáo mù yóu yú cháng nián bǎo chí lǜ sè qí měi huà hé guān shǎng jià zhí hěn gāo yīn cǐ cháng bèi yòng zuò lǜ huà de shǒu xuǎn zhí wù
这种乔木由于常年保持绿色，其美化和观赏价值很高，因此常被用作绿化的首选植物。

银杉

马尾松

cháng jiàn de zhǒng lèi
常见的种类

yē zi shù mǎ wěi sōng bǎi shù děng
椰子树、马尾松、柏树等
dōu shì bǐ jiào cháng jiàn de cháng lǜ qiáo mù
都是比较常见的常绿乔木。

yē zi shù de dǐng duān zhǎng zhe dà ér kuān kuò
椰子树的顶端长着大而宽阔
de yǔ máo zhuàng yè zi shù shang guà zhe xǔ duō zú qiú
的羽毛状叶子，树上挂着许多足球
bān dà xiǎo de zōng sè guǒ shí chéng shú de guǒ shí wài yǒu
般大小的棕色果实。成熟的果实外有
yì céng hěn hòu hěn yìng de wài ké lǐ miàn yǒu qīng xiāng
一层很厚、很硬的外壳，里面有清香
gān tián de yē zhī
甘甜的椰汁。

椰子

椰子树

róng shù fēn bù zài rè dài hé yà rè dài dì qū
榕树分布在热带和亚热带地区，
shù guān dà de lìng rén jīng tàn tā shòu mìng cháng shēng
树冠大得令人惊叹。它寿命长、生
zhǎng kuài cè zhī hé cè gēn dōu fēi cháng fā dá cháng cháng
长快，侧枝和侧根都非常发达，常常
shì yì kē róng shù jiù néng xíng chéng yí piàn sēn lín
是一棵榕树就能形成一片“森林”。

广东新会的大榕树

guàn mù
灌木

nà xiē méi yǒu míng xiǎn de zhǔ gàn ǎi xiǎo ér cóng shēng de shù mù bèi chēng wéi guàn mù
那些没有明显的主干，矮小而丛生的树木，被称为灌木。

xíng tài tè zhēng
形态特征

guàn mù shì yì zhǒng duō nián shēng mù běn zhí wù tōng cháng méi yǒu míng xiǎn de zhǔ gàn ér shì cóng jìn dì miàn de jī bù fēn chū hěn duō zhī tiáo chéng cóng shēng zhuàng tài jí shǐ jù yǒu míng xiǎn zhǔ gàn qí gāo dù yì bān yě bù chāo guò mǐ
灌木是一种多年生木本植物，通常没有明显的主干，而是从近地面的基部分出很多枝条，呈丛生状态。即使具有明显主干，其高度一般也不超过3米。

shǐ yòng jià zhí
使用价值

guàn mù duō shù ǎi xiǎo yīn cǐ zài yuán lín lǜ huà zhōng yǒu zhe bù kě huò quē de dì wèi zài dào lù gōng yuán xiǎo qū hé dī děng zhǐ yào yǒu lǜ huà de dì fang duō shù dōu yǒu guàn mù
灌木多数矮小，因此在园林绿化中有着不可或缺的地位。在道路、公园、小区、河堤等，只要有绿化的地方，多数都有灌木。

常见灌木

常见的灌木有玫瑰、杜鹃、牡丹、栀子、铺地柏、小檗、黄杨、沙地柏、连翘、迎春、月季、荆、茉莉、沙柳等。

木槿属落叶灌木，叶片呈卵形或菱状卵形，边缘有锯齿，6~9月间开花，有红、白、紫红、粉红等色。

迎春花是落叶灌木，在每年2月严寒还没完全退去时，它细长柔软的枝条就已经开始变绿了。过不了多久，枝条上就会绽开黄色小花，向人们报告春天的消息。

玫瑰是蔷薇科的落叶灌木，花有红、紫、白等色，清香迷人，因为小枝上有刺，又被称作刺玫瑰。

qiān qí bǎi guài de shù mù

千奇百怪的树木

dà qiān shì jiè fēng fù duō cǎi shù mù yě yǒu hěn duō qiān qí bǎi guài de xià miàn jiù ràng wǒ men lái rèn shi jǐ zhǒng

大千世界丰富多彩，树木也有很多千奇百怪的。下面就让我们来认识几种。

面包果

miàn bāo shù

面包树

nán tài píng yáng de yì xiē dǎo yǔ shang shēng zhǎng zhe yì zhǒng sì jì cháng qīng de miàn bāo shù zhè zhǒng shù huì jiē chū yì zhǒng jiào zuò miàn bāo guǒ de guǒ shí miàn bāo guǒ yíng yǎng fēng fù shì dāng dì jū mín bù kě quē shǎo de liáng shi

南太平洋的一些岛屿上生长着一种四季常青的面包树，这种树会结出一种叫作面包果的果实。面包果营养丰富，是当地居民不可缺少的粮食。

jiàn dú mù

箭毒木

jiàn dú mù yòu míng jiàn xuè fēng hóu gāo mǐ jiàn dú mù de shù pí zhī tiáo hé yè zi zhōng yǒu yì zhǒng bái sè de zhī yè dú xìng hěn dà zhè zhǒng dú zhī rú guǒ jìn rù rén de yǎn jing rén huì dùn shí shī míng rú guǒ pèng dào rén de pí fū shāng kǒu huò zhě bèi rén wù shí rén huì sǐ wáng

箭毒木又名“见血封喉”，高 25 ~ 30 米。箭毒木的树皮、枝条和叶子中有一种白色的汁液，毒性很大。这种毒汁如果进入人的眼睛，人会顿时失明；如果碰到人的皮肤伤口或者被人误食，人会死亡。

大胖子树

箭毒木

xiāng cháng shù
香肠树

香肠树

zài liáo kuò de fēi zhōu cǎo yuán shang sǒng lì zhe yì kē kē qí tè de dà shù shù shang guà mǎn le yí gè gè xíng sì xiāng cháng de guǒ shí zhè zhǒng shù bèi jiào zuò xiāng cháng shù yì kē xiāng cháng shù shang jiē de xiāng cháng kě yǒu qiān kè zhòng

在辽阔的非洲草原上，耸立着一棵棵奇特的大树，树上挂满了一个个形似香肠的果实，这种树被叫作香肠树。一棵香肠树上结的“香肠”可有5千克重。

jiàn yè lóng xuè shù
剑叶龙血树

lóng xuè shù shòu shāng hòu huì cóng shāng kǒu chù liú chū yì zhǒng zǐ hóng sè yǒu xiāng wèi de shù zhī bǎ shāng kǒu fēng zhù rén men bǎ zhè zhǒng xuè chēng wéi lóng zhī xuè lóng xuè shù de míng zi jiù shì zhè yàng dé lái de

龙血树受伤后，会从伤口处流出一种紫红色、有香味的树脂，把伤口封住。人们把这种“血”称为“龙之血”，龙血树的名字就是这样得来的。

剑叶龙血树

huā huì
花卉

rén men tōng cháng shuō de huā huì shì zhǐ jù yǒu guān shǎng jià zhí de cǎo běn zhí wù jí mù běn
人们通常说的花卉是指具有观赏价值的草本植物及木本
zhí wù
植物。

鸡冠花

yì nián shēng huā huì
一年生花卉

yì nián shēng huā huì zhǐ de shì bō zhǒng
一年生花卉指的是播种、
kāi huā jiē guǒ kū sǐ dōu zài yí gè shēng
开花、结果、枯死都在一个生
zhǎng jì nèi wán chéng de huā huì yì bān dōu shì
长季内完成的花卉。一般都是
chūn tiān bō zhǒng xià qiū shēng zhǎng kāi huā jiē
春天播种、夏秋生长，开花结
guǒ rán hòu kū sǐ yě bèi chēng wéi chūn bō huā
果，然后枯死，也被称为春播花
huì rú jī guān huā
卉，如鸡冠花。

紫罗兰

liǎng nián shēng huā huì
两年生花卉

liǎng nián shēng huā huì yì bān zhǐ dāng nián zhǐ
两年生花卉一般指当年只
shēng zhǎng gēn jīng yè dì èr nián cái kāi huā
生长根、茎、叶，第二年才开花、

结果、死亡的花卉。两年生花卉一般都是秋天播种，次年春季开花，所以又称为秋播花卉，如部分紫罗兰。

百合花

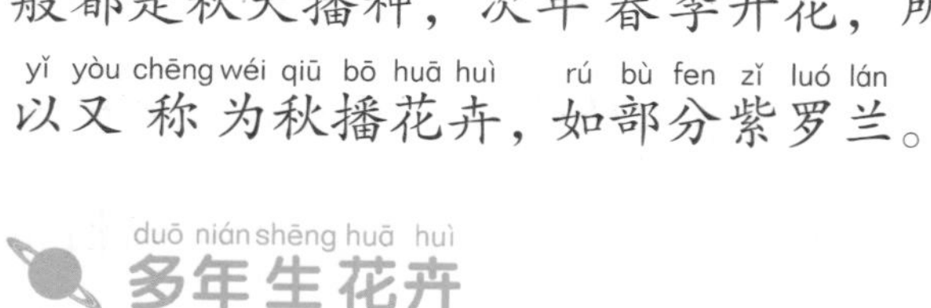

多年生花卉

多年生花卉通常指的是能多次开花结果，且个体寿命超过两年的花卉，如百合。

荷花

水生花卉

水生花卉是指在水中或沼泽地中生长的花卉，如荷花。

人工种植的花卉

xíng xíng sè sè de huā huì
形形色色的花卉

guǎng yì de huā huì chú yǒu guān shǎng jià zhí de cǎo běn zhí wù wài hái bāo kuò yì xiē yǒu guān
广义的花卉除有观赏价值的草本植物外，还包括一些有观
shǎng jià zhí de mù běn zhí wù rú méi huā táo huā yuè jì shān chá děng xià miàn wǒ men lái
赏价值的木本植物，如梅花、桃花、月季、山茶等。下面我们来
jiǎn dān jiè shào jǐ zhǒng huā huì
简单介绍几种花卉。

dà wáng huā
大王花

dà wáng huā shēng zhǎng zài yìn dù
大王花生长在印度
ní xī yà děng de rè dài yǔ lín li yì
尼西亚等的热带雨林里，一
bān jì shēng zài bié de zhí wù de gēn shang
般寄生在别的植物的根上，
méi yǒu jīng yè yì shēng zhǐ kāi yì duǒ
没有茎、叶，一生只开一朵
huā zhè duǒ huā tè bié dà zuì dà de
花。这朵花特别大，最大的
zhí jìng yǒu mǐ pǔ tōng de yě yǒu mǐ zuǒ yòu shì shì jiè shang zuì dà de huā
直径有1.4米，普通的也有1米左右，是世界上最大的花。

大王花

xuě lián
雪莲

xuě lián shì yì zhǒng duō nián shēng de cǎo
雪莲是一种多年生的草
běn zhí wù xuě lián de jīng shang mì mì de
本植物。雪莲的茎上密密地
zhǎng zhe yè zi xiàng yí piàn piàn fēn kāi de
长着叶子，像一片片分开的
yǔ máo xuě lián de gēn jì cū zhuàng yòu jiān
羽毛。雪莲的根既粗壮又坚
rèn néng zài shí kuài jiàn xì shēng zhǎng měi
韧，能在石块间隙生长。每
nián de qī bā yuè shì xuě lián de kāi huā jì jié
年的七八月是雪莲的开花季节。

雪莲

yuè jì 月季

xuàn lì fēn fāng ér yòu
绚丽、芬芳而又
dài cì de yuè jì bèi chēng wéi
带刺的月季，被称为
huā zhōng huáng hòu yuè jì
“花中皇后”。月季
de huā qī cháng měi cì kāi huā yě
的花期长，每次开花也
bú yì diāo xiè
不易凋谢。

月季

kāng nǎi xīn 康乃馨

yuán chǎn dì zài dì zhōng hǎi
原产地在地中海
yán àn xǐ liáng shuǎng yáng guāng
沿岸，喜凉爽、阳光
chōng zú de huán jìng bú nài yán
充足的环境，不耐炎
rè gān zào hé dī wēn kāng nǎi
热、干燥和低温。康乃
xīn bāo kuò xǔ duō biàn zhǒng yǔ zá
馨包括许多变种与杂
jiāo zhǒng lèi zài wēn shì li jī
交种类，在温室里几
hū kě yǐ lián xù bú duàn de kāi
乎可以连续不断地开
huā nián qǐ rén men
花。1907年起，人们
kāi shǐ yǐ fěn hóng sè kāng nǎi xīn
开始以粉红色康乃馨
zuò wéi mǔ qīn jié de xiàng zhēng
作为母亲节的象征，
gù jīn cháng bèi zuò wéi xiàn gěi mǔ
故今常被作为献给母
qīn de huā
亲的花。

康乃馨

bǎi hé huā
百合花

bǎi hé huā yǒu bái fěn

百合花有白、粉、

huáng děng duō zhǒng yán sè xiàng
黄等多种颜色，象

zhēng zhe chún jié hé měi hǎo cháng
征着纯洁和美好，常

cháng bèi zuò wéi lǐ wù sòng gěi xīn
常被作为礼物送给新

hūn fū fù yǐ biǎo shì duì xīn rén
婚夫妇，以表示对新人

de zhù fú
的祝福。

百合花

yīng huā

樱花

yīng huā qǐ chū shì yě shēng de

樱花

樱花起初是野生的，

pǐn zhǒng huā sè hěn dān yī hòu lái
品种、花色很单一。后来

rì běn rén jiāng tā yí zhí dào tíng yuàn
日本人将它移植到庭院

zhōng jīng xīn péi yù xiàn zài yīng huā
中，精心培育。现在樱花

de pǐn zhǒng yǐ jīng dá dào le duō
的品种已经达到了300多

zhǒng huā sè yě gèng jiā xuàn làn měi lì
种，花色也更加绚烂美丽。

xiān rén zhǎng

仙人掌

xiān rén zhǎng shēng zhǎng zài shā mò dì dài cì jiù shì tā de yè zi tā de jīng li chǔ

仙人掌生长在沙漠地带，刺就是它的叶子，它的茎里储

cún zhe dà liàng shuǐ fèn zài shā mò de yǔ jì xiān rén zhǎng huì zhàn fàng chū xiān yàn de dà huā
存着大量水分。在沙漠的雨季，仙人掌会绽放出鲜艳的大花。

nóng zuò wù
农作物

zhǐ nóng yè shang zāi péi de gè zhǒng zhí wù bāo kuò liáng shi zuò wù jīng jì zuò wù děng kě shí yòng de nóng zuò wù shì rén lèi jī běn de shí wù lái yuán zhī yī

指农业上栽培的各种植物，包括粮食作物、经济作物等，可食用的农作物是人类基本的食物来源之一。

稻田

liáng shi zuò wù
粮食作物

zhǐ yǐ shōu huò chéng shú guǒ shí wéi mù dì jīng qù ké niǎn mó děng jiā gōng chéng xù ér chéng wéi rén lèi jī běn liáng shi de yí lèi zuò wù zhǔ yào fēn wéi gǔ lèi zuò wù bāo kuò shuǐ dào xiǎo mài dà mài yàn mài yù mǐ gǔ zi gāo liang děng shǔ lèi zuò wù bāo kuò gān shǔ mǎ líng shǔ mù shǔ děng dòu lèi zuò wù bāo kuò dà dòu cán dòu wān dòu lǜ dòu xiǎo dòu děng qí zhōng xiǎo mài shuǐ dào hé yù mǐ sān zhǒng zuò wù zhàn shì jiè shang shí wù de yí bàn yǐ shàng

指以收获成熟果实为目的，经去壳、碾磨等加工程序而成为人类基本粮食的一类作物。主要分为谷类作物（包括水稻、小麦、大麦、燕麦、玉米、谷子、高粱等）、薯类作物（包括甘薯、马铃薯、木薯等）、豆类作物（包括大豆、蚕豆、豌豆、绿豆、小豆等）。其中小麦、水稻和玉米三种作物占世界上食物的一半以上。

麦子

棉花

经济作物

经济作物又称技术作物、工业原料作物，指具有某种特定经济用途的农作物。经济作物通常具有地域性强、经济价值高、技术要求高、商品率高等特点，对自然条件要求较严格，宜集中进行专门化生产。经济作物的种类很多，主要包括棉花、烟草、甘蔗等。

水果

水果是对部分可以食用的含水分较多的植物果实的统称。水果一般多汁且有甜味，不但含有丰富的营养，而且能够帮助消化。水果还有降血压、减缓衰老、减肥、保养皮肤、明目、抗癌、降低胆固醇等保健作用。

水果

shū cài
蔬菜

蔬菜

shū cài shì zhǐ kě yǐ zuò cài chī de cǎo
蔬菜是指可以做菜吃的草
běn zhí wù yě bāo kuò yì xiē mù běn zhí wù
本植物，也包括一些木本植物
de jīng yè yǐ jí jūn lèi zhǔ yào yǒu luó
的茎、叶以及菌类。主要有萝
bo bái cài qín cài jiǔ cài suàn
卜、白菜、芹菜、韭菜、蒜、
cōng cài guā jú yù dāo dòu wō
葱、菜瓜、菊芋、刀豆、莴
sǔn huáng huā cài là jiāo huáng guā xī
笋、黄花菜、辣椒、黄瓜、西
hóng shì xiāng cài děng
红柿、香菜等。

shū cài de yíng yǎng wù zhì zhǔ yào yǒu dàn
蔬菜的营养物质主要有蛋
bái zhì kuàng wù zhì wéi shēng sù děng zhè xiē wù zhì de hán liàng yuè gāo shū cài de yíngyǎng
白质、矿物质、维生素等，这些物质的含量越高，蔬菜的营养
jià zhí yuè gāo cǐ wài shū cài zhōng de shuǐ fèn hé shàn shí xiān wéi de hán liàng yě shì zhòng yào de
价值越高。此外，蔬菜中的水分和膳食纤维的含量也是重要的
yíng yǎng pǐn zhì zhǐ biāo
营养品质指标。

tōng cháng shuǐ fèn hán liàng
通常，水分含量
gāo shàn shí xiān wéi shǎo de
高、膳食纤维少的
shū cài xiān nèn dù jiào hǎo
蔬菜鲜嫩度较好，
qí shí yòng jià zhí yě jiào
其食用价值也较
gāo cóng bǎo jiàn de jiǎo dù
高。从保健的角度
lái kàn shàn shí xiān wéi yě
来看，膳食纤维也
shì yì zhǒng bì bù kě shǎo
是一种必不可少
de yíngyǎng sù
的营养素。

蔬菜

cǎo
草

cǎo běn shì yí lèi zhí wù de zǒng chēng dàn bìng fēi zhí wù kē xué fēn lèi zhōng de yí gè dān yuán
草本是一类植物的总称，但并非植物科学分类中的一个单元，
yǔ cǎo běn zhí wù xiāng duì yìng de gài niàn shì mù běn zhí wù rén men tōng cháng jiāng cǎo běn zhí wù chēng zuò
与草本植物相对应的概念是木本植物。人们通常将草本植物称作
cǎo jiāng mù běn zhí wù chēng wéi shù dàn shì yě yǒu lì wài bǐ rú zhú jiù shǔ yú
“草”，将木本植物称为“树”，但是也有例外，比如，竹就属于
cǎo běn zhí wù dàn rén men jīng cháng jiāng qí kàn zuò shù
草本植物，但人们经常将其看作树。

cǎo de gēn
草的根

yì bān lái shuō cǎo de gēn shì xiān wéi xìng
一般来说，草的根是纤维性
de tā men rú tóng shǒu zhǐ yí yàng cháo ní tǔ li
的，它们如同手指一样朝泥土里
kuò zhǎn xī shōu yíng yǎng xī shōu shuǐ fèn wěn gù
扩展，吸收营养，吸收水分，稳固
shēng zhǎng zài tǔ dì li
生长在土地里。

cǎo de fēn lèi
草的分类

àn zhào shēng mìng zhōu qī cháng duǎn cǎo kě fēn wéi yì nián shēng cǎo běn
按照生命周期长短，草可分为一年生草本
zhí wù liǎng nián shēng cǎo běn zhí wù hé duō nián shēng cǎo běn zhí wù
植物、两年生草本植物和多年生草本植物。

草的根

小麦

yì nián shēng cǎo běn zhí wù shì zhǐ cóng fā yá shēng zhǎng kāi huā jiē shí zhì kū
一年生草本植物是指从发芽、生长、开花、结实至枯
wěi sǐ wáng zhǐ yǒu nián shí jiān rú hú lu
萎死亡，只有1年时间，如葫芦。

liǎng nián shēng cǎo běn zhí wù dà duō shì qiū jì zuò wù yì bān shì dì yī nián qiū jì zhǎng
两年生草本植物大多是秋季作物，一般是第一年秋季长
yíng yǎng qì guān dào dì èr nián chūn jì kāi huā jiē shí rú dōng xiǎo mài
营养器官，到第二年春季开花、结实，如冬小麦。

草

duō nián shēng cǎo běn zhí wù de shòu mìng bǐ
多年生草本植物的寿命比
jiào cháng yì bān wéi liǎng nián yǐ shàng rú jú
较长，一般为两年以上，如菊
huā
花。

qiān qí bǎi guài de cǎo
千奇百怪的草

wǒ men yǎn zhōng de cǎo wǎng wǎng hěn xiǎo hěn píng cháng suǒ yǐ wǒ men hěn shǎo qù zhù yì tā

我们眼中的草往往很小、很平常，所以我们很少去注意它
men qí shí cǎo yě yǒu hěn duō qiān qí bǎi guài de
们。其实草也有很多千奇百怪的。

hán xiū cǎo

含羞草

hán xiū cǎo yuán chǎn yú nán měi zhōu de bā xī tā zhōu shēn zhǎng mǎn le xì máo hé

含羞草原产于南美洲的巴西，它周身长满了细毛和
xiǎo cì zhǐ yào nǐ yòng shǒu qīng qīng de chù mō yí xià tā de huā huò yè tā jiù huì lì
小刺。只要你用手轻轻地触摸一下它的花或叶，它就会立
kè jiāng yí piàn piàn yè zi zhé hé qǐ lái sì hū shí fēn hài xiū qí shí hán xiū cǎo bìng
刻将一片片叶子折合起来，似乎十分害羞。其实，含羞草并
bú huì hài xiū zhǐ shì tā yè bǐng shang de xì bāo shòu dào chù pèng děng wài lái cì jī hòu
不会害羞，只是它叶柄上的细胞受到触碰等外来刺激后，
jiù huì jiāng yè zi zhé hé qǐ lái
就会将叶子折合起来。

píng zi cǎo

瓶子草

zài běi měi zhōu dōng bù yǒu yì zhǒng shí

在北美洲东部有一种食
chóng zhí wù tā men de yè zi fēi cháng qí
虫植物，它们的叶子非常奇

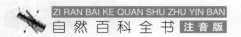

含羞草

瓶子草

特有趣，有的呈管状，有的呈喇叭状，还有的呈壶状，人们统称它们为瓶子草。捕虫的“瓶子”在草丛中或斜卧，或直立，这些瓶状叶便是它们捕捉昆虫的“诱捕器”。

猪笼草

猪笼草看上去像百合花或喇叭花。它有约3米高，“瓶口”和“瓶盖”还能分泌又香又甜的蜜汁。贪食的昆虫如果到“瓶子”里采蜜，就会被“瓶子”中的黏液粘住，从而被猪笼草“吃”掉。

猪笼草

捕蝇草

捕蝇草身材矮小，有几枚到十几枚基生叶，看上去就像勺柄朝里在餐桌上摆成一圈的一把把怪模怪样的勺子。“勺子”是它的捕虫夹，里面有诱捕苍蝇等虫子的蜜汁。

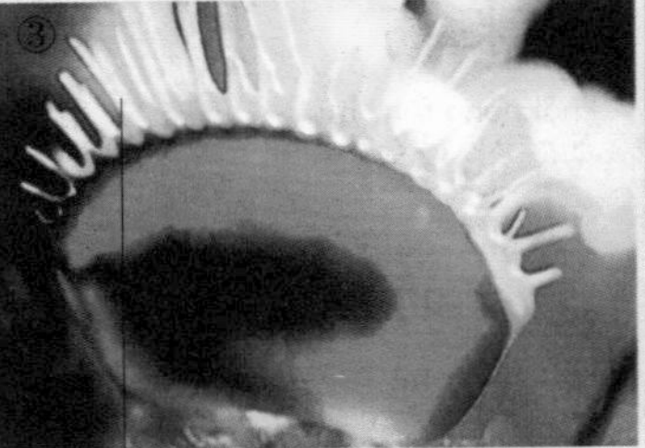

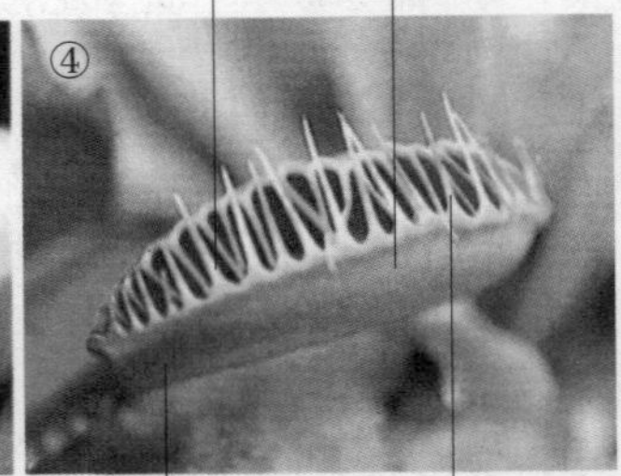

捕蝇草捕食昆虫

有些食肉植物如捕蝇草，具有可活动的陷阱。陷阱由位于叶端处的圆裂片构成。圆裂片的边缘长有很长的褶边，内面呈红色并长有灵敏的长毛。这些长毛可感受到轻微的触动并启动陷阱

狗尾草

狗尾草俗称毛毛狗，是一年生草本植物。狗尾草夏季开花，许多小花形成圆柱状，好像狗的尾巴。

狗尾草

蜈蚣草

蜈蚣草是一种多年生草本蕨类植物，它们对土壤中一些重金属的吸收能力是普通植物的20万～30万倍，常生于路旁、桥边石缝或石灰岩山地。

蜈蚣草

狸藻

lí zǎo de yè zi xiàng yì tuán sī bǎ yè zi fēn kāi jiù kě yǐ kàn dào xiǎo gěng

狸藻的叶子像一团丝，把叶子分开，就可以看到小梗

shang yǒu xǔ duō lǜ dòu dà xiǎo de xiǎo kǒu dai náng zhè zhǒng xiǎo kǒu dai shì
上有许多绿豆大小的“小口袋”——囊。这种“小口袋”是

lí zǎo yòng lái zhuō shuǐ zhōng xiǎo shēng wù de lǒu zi
狸藻用来捉水中小生物的“篓子”。

狸藻